Rana Ali Hamdi
Zina Hassan Abdul-Qahar

Vitamina D e polimorfismo do gene VDR na síndrome dos ovários poliquísticos

Rana Ali Hamdi
Zina Hassan Abdul-Qahar

Vitamina D e polimorfismo do gene VDR na síndrome dos ovários poliquísticos

ScienciaScripts

Cover image: www.ingimage.com

This book is a translation from the original published under ISBN 978-620-2-31897-6.

Publisher:
Sciencia Scripts
is a trademark of
Dodo Books Indian Ocean Ltd. and OmniScriptum S.R.L publishing group

120 High Road, East Finchley, London, N2 9ED, United Kingdom
Str. Armeneasca 28/1, office 1, Chisinau MD-2012, Republic of Moldova, Europe
Printed at: see last page
ISBN: 978-620-8-10913-4

ÍNDICE

Capítulo 1

Introdução

1.1 Síndrome do Ovário Policístico:

A síndrome dos ovários poliquísticos (SOP) é uma endocrinopatia comum em mulheres em idade reprodutiva, com manifestações primárias de infertilidade, irregularidade menstrual e evidência clínica ou bioquímica de hiperandrogenismo (hirsutismo, acne e níveis elevados de androgénios) **(Sheehan, 2004)**.

A síndrome dos ovários poliquísticos afecta cerca de 5 a 10 % das mulheres **(Azziz *et al.*, 2004)** e é uma das causas mais comuns de anovulação, perda de gravidez precoce e complicações posteriores da gravidez, todas elas envolvidas na diminuição da fecundidade em mulheres com SOP **(Legro *et al.*, 2012)**.

A resistência à insulina (RI) é predominante em mulheres com SOP, independentemente da obesidade, e contribui para o defeito reprodutivo e metabólico observado nesta síndrome **(Azziz *et al.*, 2016; Polak *et al.*, 2017)**.

1.1.1 Causas:

A síndrome dos ovários poliquísticos é uma doença heterogénea de causa incerta **(Baldani *et al.*, 2015)**. O nome sugere que os ovários são o principal local da patologia da doença, que os quistos são um sintoma e não a causa da doença e que a doença pode aparecer mesmo que não sejam encontrados quistos. Além disso, alguns sintomas da SOP continuarão mesmo após a ovariectomia bilateral **(Dunaif e Fauser, 2013)**.

Outro conceito sugere que se trata de um distúrbio multissistémico, com o problema primordial situado na regulação hormonal no hipotálamo, com a inclusão de muitos órgãos **(Dunaif e Fauser, 2013)**.

Estudos anteriores propuseram que o componente genético tem um papel importante na etiologia da SOP **(Legro *et al.*, 1998)**. No entanto, o modo de hereditariedade da SOP permanece pouco claro **(Sheikhha *et al.*, 2007)**. O gene exato afetado não foi identificado **(Amato e Simpson, 2004)**, mas algumas evidências propõem que se trata de uma doença multigénica complexa **(De Leo *et al.*, 2016)**. As evidências assumem que vários genes estão envolvidos, bem como factores ambientais e nutricionais **(Sedighi *et al.*, 2015)**. Estes factores genéticos e ambientais podem afetar o fenótipo da SOP, sendo estas mulheres consideradas como o grupo mais heterogéneo da SOP **(Boomsma *et al.*, 2008)**.

Além disso, a SOP pode estar associada a factores epigenéticos **(Zhao *et al.*, 2017)**, a desreguladores endócrinos industriais, como o bisfenol A e alguns medicamentos **(Rutkowska e Rachon, 2014)**, bem como a elevadas taxas de obesidade **(Hoeger, 2014)**.

1.1.2 Patogénese:

A síndrome obteve o seu nome devido à presença de numerosos quistos ováricos observados por ultra-sons. De facto, estes quistos não são verdadeiros quistos, mas sim folículos imaturos. Estes folículos desenvolveram-se a partir de folículos primordiais, mas o desenvolvimento cessou numa fase antral precoce devido a uma função ovárica defeituosa. Estes folículos imaturos podem estar localizados ao longo da periferia do ovário, parecendo uma série de pérolas na ecografia **(Mirza *et al.*, 2016)**.

A maioria das mulheres com SOP tem IR **(Gambineri *et al.*, 2002)**. A hiperinsulinemia ocorre como uma resposta compensatória à RI. Esta hiperinsulinemia resultante tem um impacto estimulante nos ovários e nas glândulas supra-renais que promovem a síntese de androgénios por estes órgãos. Mais especificamente, a hiperinsulinemia aumenta a síntese de androgénios nas células theca do ovário em resposta à estimulação da hormona luteinizante (LH), causando paragem folicular e anovulação. Além disso, a hiperinsulinemia aumenta a proliferação da unidade pilossebácea e a produção de sebo, o que leva ao hirsutismo e à acne. Por outro lado, a hiperinsulinemia actua no sentido de reprimir a síntese hepática da globulina de ligação às hormonas sexuais (SHBG), a proteína que liga a testosterona no soro. Assim, a IR com hiperinsulinemia compensatória provoca hiperandrogenemia **(Essah e Nestler, 2006)**. Estes efeitos podem estar associados a pessoas geneticamente susceptíveis **(Strauss, 2003)**.

Além disso, assumiu-se que a insulina pode aumentar a atividade da P450c17 (principal enzima reguladora da síntese de androgénios) através da via da proteína quinase activada por mitogénio (MAPK) **(Wickenheisser *et al.*, 2006)**. Assim, os efeitos combinados da hiperinsulinemia contribuem para o aumento do risco de desenvolvimento de SOP

(Diamanti-Kandarakis e Dunaif, 2012).

Outro conceito sugere que os tecidos periféricos, como o fígado e o tecido adiposo, possuem a enzima aromatase, que converte os androgénios em estrogénios. Assim, o estrogénio inibe a secreção da hormona folículo-estimulante (FSH) através de um mecanismo de feedback negativo (impedindo a ovulação) e estimula a LH, que estimula ainda mais a secreção de androgénios (responsáveis pelo hirsutismo e virilização) **(Marshall *et al.*, 2012).**

Além disso, a SOP pode estar correlacionada com a inflamação crónica **(Sathyapalan e Atkin, 2010).** Foi encontrada uma correlação entre mediadores inflamatórios e manifestações de SOP **(Gonzalez *et al.*, 2006).** Além disso, o aumento do nível de stress oxidativo pode estar associado ao desenvolvimento da SOP **(Zuo *et al.*, 2016).**

No entanto, existem algumas evidências que sugerem que a disfunção no metabolismo da vitamina D e do cálcio, que também são importantes no desenvolvimento folicular e no metabolismo normal da glucose, está associada às alterações metabólicas observadas na SOP **(Firouzabadi *et al.*, 2012).**

1.1.3 Sinais e sintomas:

Os sinais e sintomas mais comuns da SOP são os seguintes

1) **Irregularidades menstruais:** As mulheres com SOP podem apresentar oligomenorreia (ausência de menstruação durante mais de 35 dias a 3 meses) ou amenorreia secundária (ausência de menstruação durante pelo menos 6 meses ou durante pelo menos 3 dos três intervalos de ciclo anteriores) **(Joshi *et al.*, 2014).** No entanto, podem apresentar hipermenorreia (períodos menstruais maciços e prolongados) **(Teede *et al.*, 2010).**

2) **Aumento da hormona masculinizante:** conhecido como hiperandrogenismo, incluindo acne, hirsutismo (excesso de pêlos, como no queixo ou no peito), bem como alopecia androgénica (queda de cabelo ou queda de cabelo disseminada) **(Teede *et al.*, 2010).**

3) **Síndrome metabólica:** Está associada à obesidade central e a outros sintomas relacionados com a resistência à insulina **(Teede *et al.*, 2010; Shah e Rasool, 2016).**

1.1.4 Diagnóstico:

Nem todas as mulheres com SOP têm ovários policísticos (PCO), nem todas as mulheres com quistos nos ovários têm SOP; embora a ecografia da pélvis seja uma ferramenta de diagnóstico importante, não é a única **(Greg, 2011)**.

A síndrome dos ovários poliquísticos é diagnosticada se houver uma vasta gama de sintomas possíveis, e os quistos nos ovários são encontrados em cerca de 15% das mulheres **(Dunaif e Fauser, 2013)**.

Critérios de diagnóstico da SOP apresentados pelos seguintes grupos: National Institutes of Health/National Institute of Child Health and Human Disease (NIH/NICHD) **(Zawadski e Dunaif, 1992)**, European Society for Human Reproduction and Embryology/American Society for Reproductive Medicine (ESHRE/ASRM) (**Revised 2003 consensus, 2004**), e Androgen Excess and PCOS Society (AE- PCOS) **(Azziz *et al.*, 2006)**, conforme demonstrado na ***Tabela (1-1)***.

Table (1-1): Diagnostic criteria of polycystic ovary syndrome.

NIH/NICHD 1992	*ESHRE/ASRM (Rotterdam criteria)*	*AE-PCOS 2006*
• Clinical and/or biochemical hyperandrogenism. • Menstrual abnormality. • Exclusion of other causes leading to androgen excess or menstrual irregularity.	Includes two out of three of the following: • Clinical and/or biochemical hyperandrogenism. • Oligo ovulation or anovulation. • Polycystic ovaries seen by ultrasound.	• Clinical and/or biochemical hyperandrogenism • Ovarian dysfunction and/or polycystic ovaries. • Exclusion of related disorders.

1.1.4.1 Ultrassonografia:

Os ovários poliquísticos apresentam tipicamente três caraterísticas através da ecografia: aumento bilateral dos ovários, numerosos folículos pequenos e ecogenicidade estromal elevada, como se mostra na ***Figura (1-1)*** e na ***Figura (1-2)*** **(Lam e Raine-Fenning, 2006)**.

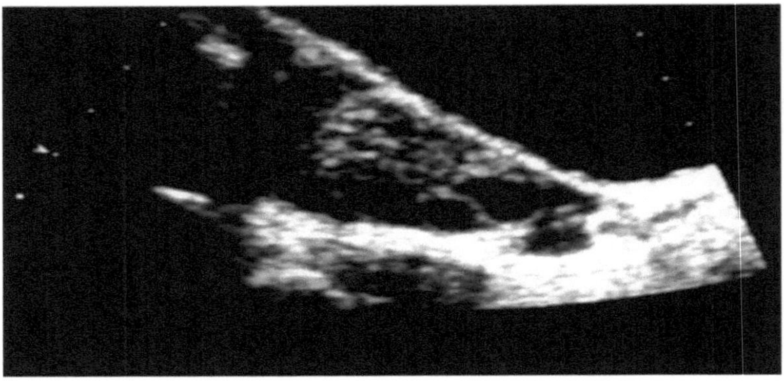

Figura (1-1): Ecografia transabdominal longitudinal de um ovário. Esta imagem mostra folículos poli-periféricos (Lam e Raine-Fenning, 2006).

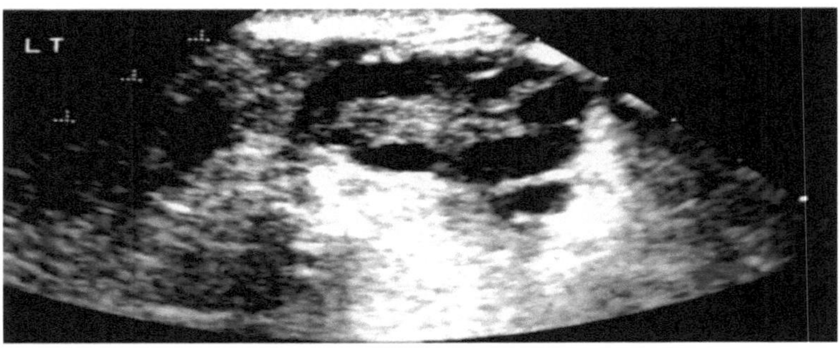

Figura (1-2): Ecografia endovaginal transversal do ovário esquerdo. Esta imagem mostra múltiplos folículos periféricos e estroma hiperecogénico (Lam e Raine-Fenning, 2006).

Normalmente, existe um aumento simétrico de ambos os ovários. Além disso, a forma dos ovários muda de ovoide para esférica. O volume do ovário também pode aumentar cerca de 6 ml; no entanto, quase 30% das doentes não apresentam aumento do volume do ovário **(Lam e Raine-Fenning, 2006)**.

O ovário policístico típico apresenta múltiplos folículos em qualquer altura. Estes folículos são pequenos, não sendo encontrado nenhum folículo dominante. Caracteristicamente, os folículos situam-se perifericamente no córtex; no entanto, podem aparecer em qualquer parte do parênquima ovárico **(Nardo *et al.*, 2007)**. O diagnóstico de ovários poliquísticos pelo grupo de consenso de Roterdão é feito através da presença de 12 ou mais folículos com um diâmetro entre 2 e 9 mm e/ou um volume ovárico elevado superior a 10 cm^3 **(Consenso revisto de 2003, 2004)**.

"Tipicamente, os ovários são hipoecogénicos em relação à gordura pélvica e ao miométrio circundantes. Os ovários policísticos apresentam frequentemente uma ecogenicidade aumentada; no entanto, até um terço pode permanecer isoecóico ou hipoecóico em relação ao miométrio" **(Sun e Fu, 2007)**.

1.1.4.2 Exames bioquímicos:

A síndrome dos ovários poliquísticos é mais frequentemente avaliada através de medições laboratoriais. Os testes de rastreio iniciais podem incluir o seguinte:

- Avaliação dos níveis séricos de LH e FSH. O rácio LH/FSH (2:1) é útil para o diagnóstico da SOP **(Trivax e Azziz, 2007)**.
- Os níveis de testosterona e de sulfato de dihidroepiandrosterona (DHEAS) ou um desafio de progesterona são benéficos em alguns doentes **(Trivax e Azziz, 2007)**.
- A medição dos níveis de hormona anti-mulleriana (AMH) pode ser utilizada para identificar a presença de SOP **(Romualdi *et al.*, 2016)**. A AMH é produzida pelas células da granulosa dos folículos ovarianos durante os estágios iniciais **(Broer *et al.*, 2014)** e identificada como um parâmetro importante do número de pequenos folículos antrais, bem como usada para avaliar a reserva ovariana **(Conway *et al.*, 2014)**.
- O teste da função tiroideia ou os níveis de prolactina podem ser úteis na exclusão de doença da tiroide ou prolactinoma **(Trivax e Azziz, 2007)**.

1.1.5 Gestão:

Como a causa da SOP não é clara, o tratamento tem como objetivo melhorar os sintomas desta doença **(Hunter e Sterrett, 2000)**. O objetivo do tratamento envolve a preservação do endométrio normal, a antagonização da ação dos androgénios no órgão alvo, a diminuição da RI e a restauração da anovulação **(Hunter e Sterrett, 2000)**.

Os tratamentos da SOP envolvem: modificações no estilo de vida, medicamentos e cirurgia **(Lim *et al.*, 2011, Williams *et al.*, 2016)**.

► **Mudanças de estilo de vida ou de comportamento:**

A perda de peso, a dieta e o exercício são aconselhados para as mulheres com esta síndrome. Estes comportamentos são importantes mesmo quando se adopta uma terapia farmacológica **(Hunter e Sterrett, 2000)**.

A redução do peso corporal em pacientes com excesso de peso ou obesos é importante para ajudar a diminuir os níveis séricos de insulina, LH e testosterona **(Hunter e Sterrett, 2000)** e para a regularidade menstrual **(Marzouk e Sayed Ahmed, 2015)**. Além disso, a perda de peso leva à restauração da ovulação espontânea, bem como a uma maior taxa de fertilidade **(Orio *et al.*, 2016)**.

► **Medicamentos:**

1. **Contracetivo oral:** O componente estrogénico estimula a síntese hepática de SHBG, que se liga à testosterona livre e diminui o seu nível. A componente progestina actua como antagonista competitivo da ligação aos receptores de androgénios. Assim, diminui a ação da testosterona no órgão-alvo **(Richardson, 2003)**.

2. **Metformina**: Este fármaco é habitualmente utilizado para melhorar a sensibilidade à insulina **(Hunter e Sterrett, 2000)**, manter a função ovárica e reverter a ovulação normal **(Lord *et al.*, 2003)**.

3. **Citrato de clomifeno:**

   Utilizado para ajudar a fertilidade através da indução da ovulação em mulheres que desejam engravidar **(Richardson, 2003)**. A administração de clomifeno pode causar hiperestimulação do ovário e gestações múltiplas **(Lobo *et al.*, 1982)**. Devido à sua semelhança estrutural com o estrogénio, o clomifeno liga-se competitivamente aos receptores nucleares do estrogénio. Assim, inibe o mecanismo de retroalimentação negativa do estrogénio e ativa os mecanismos que alteram a secreção da hormona libertadora de gonadotropinas, que, por sua vez, provocam um aumento das hormonas gonadotropinas hipofisárias, levando ao aumento do crescimento dos folículos ováricos **(Fritz e Speroff, 2011)**.

4. **Espironolactona (Aldactone):** Os anti-androgénios têm um efeito inibitório direto sobre as enzimas envolvidas na síntese de androgénios. Devido à sua semelhança estrutural com a testosterona, pode impedir competitivamente a ligação da testosterona ao seu recetor. Assim, contribuem para o tratamento do hirsutismo **(Richardson, 2003)**.

5. **Eflornitina:** Creme tópico utilizado para diminuir o crescimento de pêlos faciais **(Wolf *et al.*, 2007)**.

6. **Tiazolidinedionas**: Utilizadas para reduzir a secreção de androgénio ovariano através da redução dos níveis de insulina **(Badawy e Elnashar, 2011)**.

► **Cirurgia**: é outra opção de tratamento sob a forma de excisão em cunha e cauterização do ovário, que não são aconselhadas devido aos seus efeitos adversos, que envolvem insuficiência ovárica prematura e aderências **(Fritz e Speroff, 2011)**.

1.1.6 Complicações:

Um diagnóstico de SOP sugere um risco acrescido dos seguintes factores

♦ **Infertilidade:** Devido a anovulação crónica (ausência de ovulação) **(Teede *et al.*, 2010; Melo *et al.*, 2015)**.

♦ **Hiperplasia endometrial e cancro do endométrio**: Resultantes da acumulação excessiva de revestimento uterino. Além disso, a ausência de progesterona leva a uma estimulação prolongada das células uterinas pelo estrogénio **(Barry *et al.*, 2014; Kachhawa e Singh, 2017)**.

♦ **Diabetes tipo II:** As mulheres com SOP têm uma prevalência aumentada de IR e diabetes tipo II, mesmo quando controlam o índice de massa corporal

(IMC) **(Moran *et al.*, 2010)**. Além disso, as mulheres com esta síndrome estão predispostas à diabetes gestacional **(de Wilde *et al.*, 2014).**

♦ **Hipertensão arterial:** Na SOP típica, há alteração nas células musculares lisas vasculares causando hipertrofia da parede muscular vascular com diminuição da complacência e pela interferência nos mecanismos de vasodilatação dependentes do endotélio **(Scicchitano *et al.*, 2012)**. Para além disso, o risco de pré-eclampsia, a mais grave de todas as complicações da gravidez, aumenta quatro vezes em mulheres com esta doença **(Katulski *et al*, 2015)**.

♦ **Dislipidemia**: As anormalidades lipídicas incluem altos níveis de colesterol sérico, LDL-colesterol e triglicerídeos e baixos níveis de HDL-colesterol, estão frequentemente presentes em pacientes com SOP. Presume-se que a coexistência de obesidade, RI e hiperandrogenismo na SOP tem efeitos interactivos na dislipidemia **(Diamanti-Kandarakis *et al.*, 2007; Lath *et al.*, 2015)**.

♦ **Doença coronária (CHD) e acidentes vasculares cerebrais**: Verificou-se que o risco de CHD e AVC é duas vezes maior para pacientes com SOP **(de Groot *et al.*, 2011)**, o que está associado à tolerância à glicose diminuída, diabetes mellitus tipo II e síndrome metabólica **(Moran *et al.*, 2010)**.

♦ **Ganho de peso:** Elevada prevalência de excesso de peso e obesidade em mulheres com esta síndrome **(Pazderska e Gibney, 2015)**. Essas mulheres são mais propensas a obter distribuição de gordura na parte superior do corpo, mesmo na ausência de obesidade e independente do IMC **(Palomba *et al.*, 2015)**. De facto, as maiores implicações para a saúde da SOP estão ligadas ao aumento de peso e à circunferência abdominal **(Bates GW e Legro RS, 2013)** devido a uma maior adiposidade visceral que se relaciona com uma maior RI **(Ng *et al.*, 2014)**.

♦ **Aborto espontâneo:** Vários factores podem contribuir para o aborto espontâneo na SOP. Estes envolvem ovários anatomicamente policísticos, obesidade, trombose placentária, endométrio anormal e distúrbios hormonais **(Essah *et al.*, 2004)**.

♦ **Apneia do sono**: Pode estar associada a níveis elevados de testosterona que afectam tanto o controlo neural da respiração **(White *et al.*, 1985)** como o mecanismo das vias aéreas superiores **(Cistulli *et al.*, 1994)**. Para além disso, existe uma associação entre a obesidade e a apneia do sono, mais associada ao grau de adiposidade visceral **(Tasali *et al.*, 2008)**.

♦ **Doença hepática gordurosa não alcoólica (NAFLD)**: A obesidade e a RI são fatores importantes para o desenvolvimento de NAFLD em mulheres com SOP **(Macut *et al.*, 2017)**.

♦ **Acantose nigricans (AN):** Caracterizada por manchas escuras de pele sob os braços e na parte de trás do pescoço. A presença de AN actua como um indicador de obesidade e consequentes defeitos metabólicos **(Karadag *et al.*, 2018)**.

♦ **Depressão e ansiedade:** Os problemas de humor na SOP podem ser devidos à angústia relacionada com os sintomas frequentemente encontrados na SOP, tais como (obesidade, hirsutismo, etc.) **(Eggers e Kirchengast, 2001)**.

♦ **Tireoidite autoimune**: Existe uma associação entre tiroidite autoimune e SOP **(Singla, *et al.*, 2015; Divya *et al.*, 2017)**. A SOP é conhecida por ser um estado hiperestrogénico. O nível elevado de estrogénio tem sido sugerido como uma explicação para o aumento das doenças autoimunes nas mulheres em comparação com os homens **(Cutolo *et al.*, 2012)**. O estrogénio tem um impacto estimulante no sistema imunitário, aumentando a libertação de interleucina -1 (IL-1) pelos monócitos e de IL-6 pelas células T-Helper **(Li *et al.*, 1993)**. Além disso, os receptores de estrogénio têm um efeito proliferativo nos linfócitos B **(Divya *et al.*, 2017)**.

1.2 Vitamina D:

A vitamina D refere-se a um grupo de secosteróides lipossolúveis **(Braegger *et al.*, 2013)**. As formas mais importantes são a vitamina D3 (conhecida como colecalciferol) e a vitamina D2 (ergocalciferol) **(Holick, 2006)**. A diferença estrutural entre a vitamina D2 e a vitamina D3 é que a cadeia lateral da vitamina D2 inclui uma ligação dupla entre os carbonos 22 e 23 e um grupo metilo localizado no carbono 24, como se mostra na ***Figura***

(1-3) (**Bikle, 2014**).

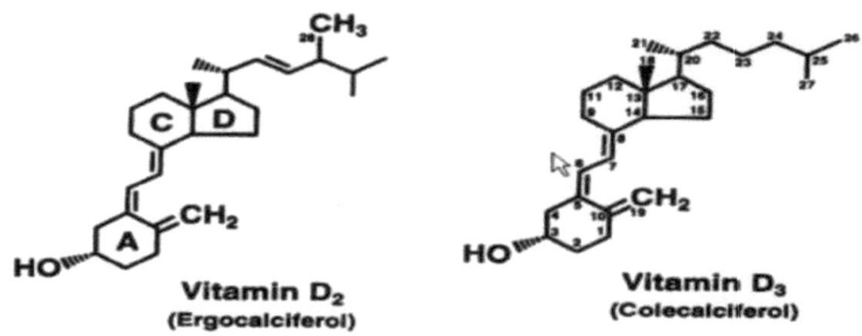

Figura (1-3): Diferença estrutural entre a vitamina D2 e a vitamina D3 (Bikle, 2014).

1.2.1 Fontes:

Três fontes potenciais de vitamina D: Alimentos, luz UV (aumenta a síntese endógena) e suplementos. Nos seres humanos, a vitamina D é produzida principalmente na pele após a exposição à luz solar, enquanto apenas uma pequena parte é obtida a partir de fontes nutricionais. Poucas fontes naturais de vitamina D envolvem peixes oleosos (salmão, cavala, sardinha, atum, óleo de fígado de bacalhau), bem como cogumelos expostos ao sol, que têm quantidades relevantes de uma das duas formas principais, vitamina D2 ou vitamina D3 **(Wacker e Holick, 2013).**

1.2.2 Metabolismo:

Na pele humana, o 7-dehidrocolesterol é convertido em colecalciferol por um processo não enzimático após exposição à luz ultravioleta (UV) **(Aranow, 2011)**. O colecalciferol é biologicamente inativo e combina-se imediatamente com as proteínas de ligação da vitamina D ou com a albumina **(Norman, 2008)**. Deste modo, circula no sangue e é transportado para o fígado, onde é hidroxilado pela enzima 25-hidroxilase (CYP2R1), levando à formação da forma inativa 25-hidroxivitamina D3 (25(OH)D3), que representa o principal metabolito circulante da vitamina D3 e é o parâmetro mais fiável para clarificar o estado da vitamina D3 humana **(Jeffery *et al.*, 2012)**. No rim, ocorre a conversão adicional da 25(OH)D3 em vitamina D3 ativa (conhecida como calcitriol ou $1,25(OH)_2 D_3$) pela enzima 1-a-hidroxilase (CYP27B1). Esta etapa ocorre sob o controlo rigoroso da hormona paratiroide e da hormona fosfatúrica fator de crescimento dos fibroblastos 23 (FGF-23) **(Bikle, 2012)**. A regulação do calcitriol ocorre através de uma alça de feedback negativo renal, em que níveis elevados de calcitriol e FGF-23 causam a inibição da CYP27B1 e a estimulação da enzima CYP24A1 (24-hidroxilase), uma enzima que converte o calcitriol em ácido calcitróico (substância inativa e solúvel em água), que é excretado na bílis **(Di Rosa *et al.*, 2011)**. ***As figuras (1-4)*** demonstram a síntese e o metabolismo da vitamina D3 **(Dusso *et al.*, 2005)**.

A atividade do CYP27B1 renal é um fator importante que determina os níveis circulantes de calcitriol **(Heaney, 2012)**. No entanto, o CYP27B1 também se encontra noutras células, como as células imunitárias, especialmente nos macrófagos e nas células dendríticas e, devido à ausência de mecanismos de feedback negativo em comparação com o rim, permite a produção de concentrações locais elevadas de calcitriol necessárias para a imunomodulação **(Baeke *et al.*, 2010)**.

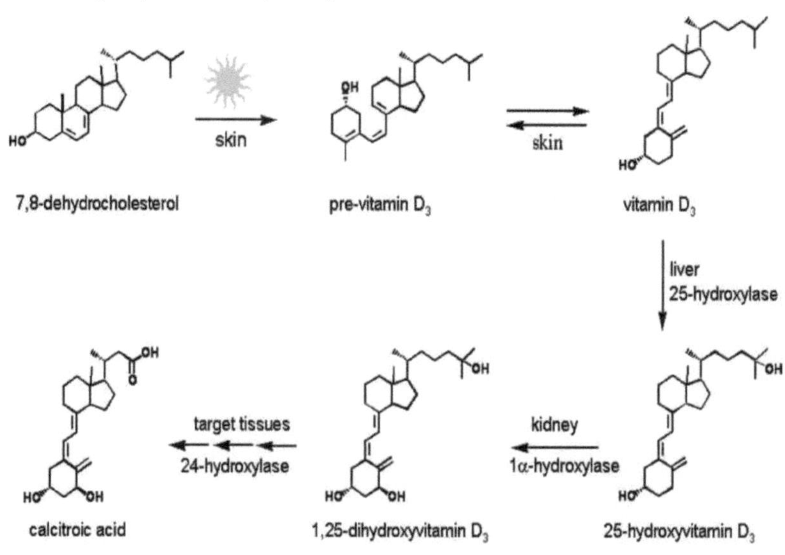

Figura (1-4): Síntese e metabolismo da vitamina D3 ativa (Dusso *et al.*, 2005).

1.2.3 Atividade biológica:

A vitamina D ativa circula no sangue como uma hormona **(Khan *et al.*, 2011)** e medeia os seus efeitos biológicos ligando-se aos receptores de vitamina D (VDRs), que se expressam em vários órgãos, incluindo intestino, rim, osso, testículo, ovário, endométrio, placenta, pâncreas e sistema imunitário. ***A Figura (1-5)*** mostra a distribuição dos VDRs e os efeitos da vitamina D em vários órgãos **(Lerchbaum e Obermayer-Pietsch, 2012)**.

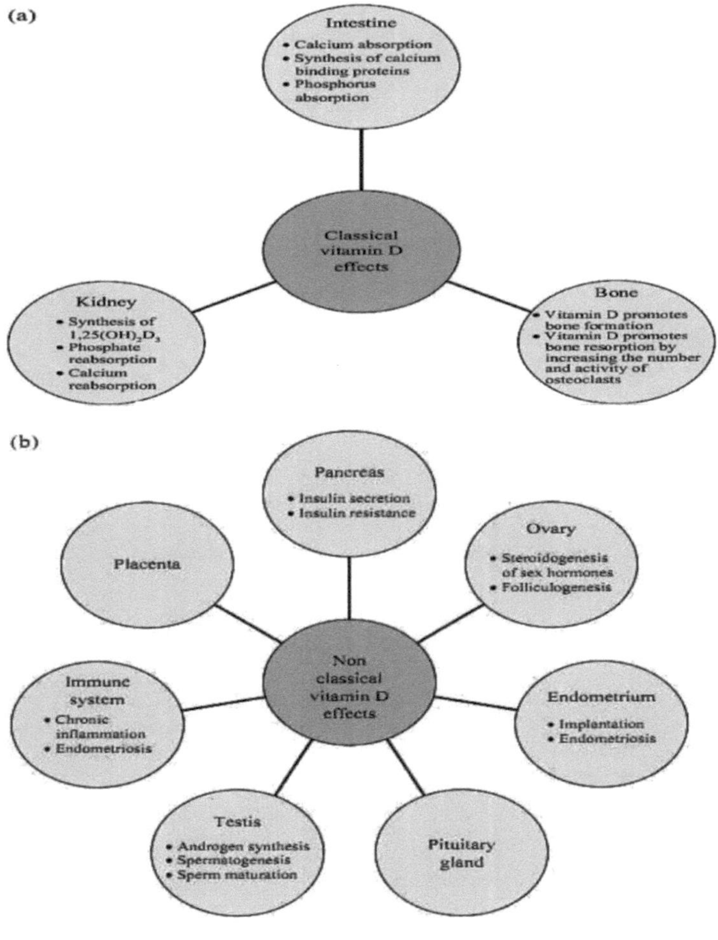

Figura (1-5): (a) Efeitos clássicos da vitamina D3. (b) Efeitos não clássicos da vitamina D3 em vários tecidos (Lerchbaum e Obermayer-Pietsch, 2012).

1.2.3.1 Papel da vitamina D na reprodução:

Existem algumas provas de que, para além das hormonas esteróides sexuais, os reguladores clássicos do processo reprodutivo, a vitamina D também tem um papel na reprodução através da ligação a receptores nucleares que foram distribuídos no útero, no oviduto, no ovário, na placenta e nas membranas fetais **(Du *et al.*, 2005)**.

Vários mecanismos podem demonstrar o papel da vitamina D na reprodução. **Em primeiro lugar,** um mecanismo provável poderia ser feito pela vitamina D ativa que estimula a expressão do gene da aromatase nos tecidos reprodutivos **(Kinuta *et al.*, 2000)**. **Em segundo lugar,** a vitamina D ativa regula positivamente a expressão de HOXA10 nas células do estroma endometrial humano, o que significa que a alteração da sinalização da vitamina D pode influenciar a expressão de HOXA10 e a fertilidade **(Du *et al.*, 2005)**. No entanto, a expressão de HOXA10 é necessária para o desenvolvimento do útero e do endométrio, permitindo a recetividade uterina à implantação **(Taylor *et al.*, 1997)**.

Foi demonstrado que as mulheres com níveis suficientes de vitamina D submetidas a fertilização in vitro (FIV) têm mais probabilidades de engravidar do que as mulheres com níveis reduzidos de vitamina D **(Ozkan *et al.*, 2010)**.

Para além disso, a vitamina D tem um papel fundamental na regulação da homeostase do cálcio. Foi demonstrado que o cálcio tem um papel na ativação e maturação do oócito, levando à progressão do desenvolvimento folicular **(De Felici *et al.*, 1991)**. Assim, a abundância de vitamina D e cálcio pode levar à normalização dos períodos menstruais e à reabilitação da ovulação em mulheres com SOP **(Thys-Jacobs *et al.*, 1999)**.

Além disso, a vitamina D tem um papel na regulação da expressão e libertação da gonadotropina coriónica humana em sinciciotrofoblastos humanos **(Barrera *et al.*, 2008)**, bem como no aumento da produção de esteróides sexuais placentários (**Barrera *et al.*, 2007**). Evidências anteriores mostraram que o calcitriol aumenta o transporte de cálcio na placenta **(Tuan *et al.*, 1991)** e também estimula a expressão de lactogénio placentário **(Stephanou *et al.*, 1994)**.

1.2.4 Mecanismo de ação:

O mecanismo de ação é mediado pela interação da vitamina D com o VDR, que envia uma resposta biológica através da regulação da transcrição de genes (resposta genómica) ou através da ativação do mecanismo de transdução de sinais nas membranas celulares ou perto delas (resposta não genómica) **(Norman *et al.*, 2004)**.

J ***Resposta genómica***

Este efeito é mediado pela ligação da vitamina D aos receptores nucleares da vitamina D (VDRn), um membro da superfamília de receptores nucleares do fator de transcrição ativado por ligandos **(Fleet, 2004)**. Após a ativação pela vitamina D, o VDR forma um heterodímero com o recetor retinoide-X (RXR) que interage com elementos responsivos à vitamina D (VDREs) que se situam na região promotora dos genes-alvo, levando à ativação ou supressão da transcrição do gene **(Hii e Ferrante, 2016)**.

J ***Resposta não genómica***

Este efeito é mediado pela combinação do VDR com as caveolas (invaginações da membrana) que se encontram na membrana citoplasmática de várias células **(Huhtakangas *et al.*, 2004)**. Após a ligação da vitamina D ao VDRm na membrana celular, os VDRs podem enviar uma resposta celular aos canais de cálcio através de segundos mensageiros como a MAPK ou o monofosfato de adenosina cíclico (AMPc) **(Feldman *et al.*, 2005)**.

1.2.5 Recetor de vitamina D:

1.2.5.1 Estrutura do recetor de vitamina D:

A proteína do recetor da vitamina D é constituída por três regiões distintas, um domínio de ligação ao ADN N-terminal que contém dois dedos de zinco que se ligam a sequências específicas de ADN denominadas elementos de resposta hormonal (HRE), um domínio de ligação ao ligando C-terminal, bem como uma região alargada que liga os dois domínios funcionais desta proteína. ***A Figura (1-6A)*** mostra a estrutura do recetor da vitamina D **(Pike e Meyer, 2010)**. A estrutura tridimensional do domínio C-terminal, que foi resolvida por cristalografia de raios X **(Rochel *et al.*, 2000)**, é a mais complexa e é constituída por 12 a-hélices, como ilustrado na ***Figura (1-6B)*** **(Pike e Meyer, 2010)**. Os aminoácidos ligados num subconjunto destas a-hélices formam uma bolsa de ligação ao ligando, como se mostra na *Figura (1-6C)* (**Pike e Meyer, 2010**).

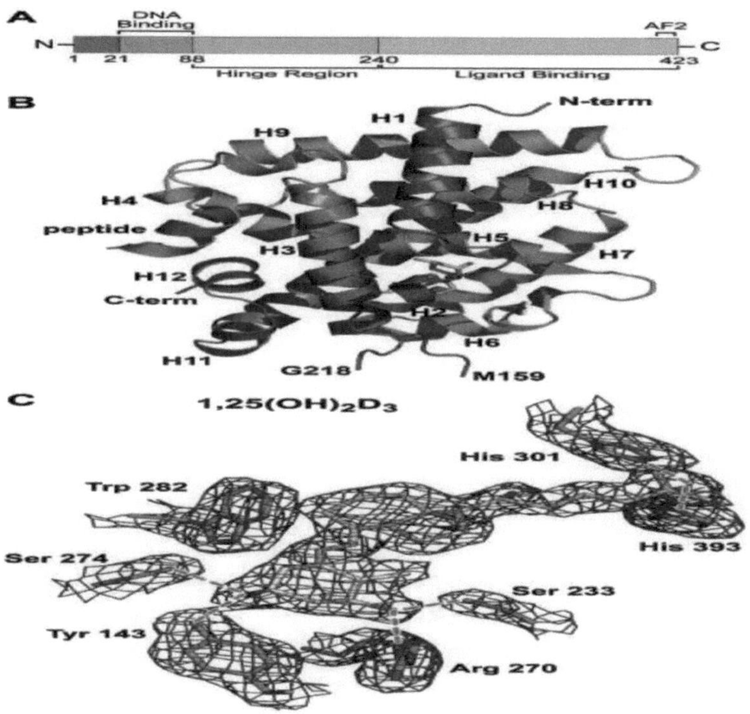

Figura (1-6): Estrutura e caraterísticas do recetor da vitamina D (Pike e Meyer, 2010).

1.2.5.2 Polimorfismos do gene do recetor da vitamina D:

Muitas variações alélicas (polimorfismos) do gene *VDR* que se localiza no cromossoma 12 ocorrem naturalmente na população humana (**Koshiyama *et al.*, 1995**), com diferenças influentes de acordo com a raça e a etnia (**Uitterlinden *et al.*, 2004**). Foram encontrados cerca de 200 polimorfismos de nucleótido único (SNPs) do gene *VDRs* (**Fuhrman *et al.*, 2013**). Cdx2, FokI, BsmI, ApaI e TaqI foram consideradas as variantes alélicas mais comuns na população humana (**Fang *et al.*, 2005**).

O gene *VDR* humano é composto por oito exões (2-9) na região codificadora e seis exões extra (1a-1f) na região reguladora, que inclui vários promotores (**Jehan *et al.*, 2007**).

"A comparação evolutiva realizada nas sequências do promotor VDR de uma dúzia de espécies de mamíferos mostra uma conservação muito elevada de numerosas regiões à volta e no promotor 1a, incluindo os exões 1e, 1a e 1d, e a região do sítio Sp1. Isto sugere que o chamado promotor 1a é bem conservado entre os mamíferos" **(Jehan *et al.*, 2007)**. A região 1e-G-1739A SNP (um sítio de ligação a Cdx-2) é um SNP funcional da região promotora do VDR-1a humano, como se mostra na ***Figura (1-7)*** **(Jehan *et al.*, 2007)**.

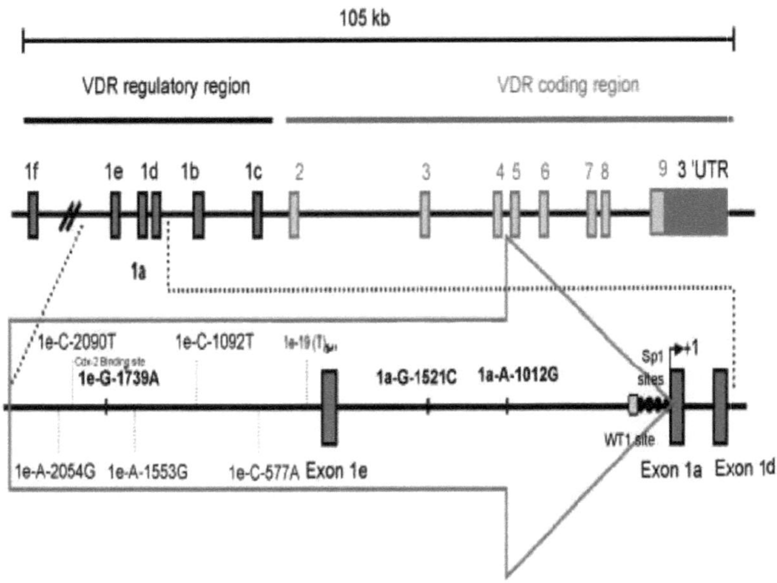

Figura (1-7): Exões e regiões funcionais do gene humano do recetor da vitamina D (Jehan *et al.*, 2007).

O Cdx2 actua como um fator de transcrição do VDR **(Arai *et al.*, 2001)**. A expressão de Cdx2 (G/A) conduz a um gene *VDR* com um local de ligação defeituoso para o fator de transcrição específico do intestino CDX2 **(Arai *et al.*, 2001)**. Isto resulta na diminuição dos níveis intestinais de VDR **(Yamamoto *et al.*, 1999)**, com diminuição da vitamina D ativa que aumenta as proteínas de transporte de cálcio e a absorção de cálcio **(Fang *et al.*, 2003)**.

1.2.5.3 Impacto das variantes do gene do recetor da vitamina D no metabolismo da vitamina D e no risco de doenças:

A variabilidade interindividual das concentrações séricas de vitamina D é causada por factores comportamentais, ambientais e pela contribuição da componente genética. Foram avaliadas taxas de hereditariedade que variam entre 29 e 80% **(Shea *et al.*, 2009)**.

Estudos anteriores mostraram que as mutações em genes incluídos no metabolismo da vitamina D causam uma deficiência funcional de vitamina D. Por exemplo, as mutações nos genes que codificam o CYP27B1 levam a raquitismo dependente de vitamina D tipo I (VDDR I) **(Fu *et al.*, 1997)**, enquanto as mutações nos genes que codificam o VDR causam raquitismo dependente de vitamina D tipo II (VDDR II) **(Malloy *et al.*, 1999)**.

Além disso, duas meta-análises de estudos de associação alargada do genoma mostraram que os SNP em genes que codificam proteínas associadas ao metabolismo da vitamina D podem afetar os níveis séricos de vitamina D **(Ahn *et al.*, 2010; Wang *et al.*, 2010)**.

Além disso, vários polimorfismos do gene *VDR* foram avaliados quanto à sua potencial influência na suscetibilidade a doenças complexas, como a diminuição da densidade óssea **(Eisman, 1999)**, a tendência para o hiperparatiroidismo **(Gomez Alonso *et al.*, 1998)**, o cancro (**Kostner *et al.*, 2009**), a miopia elevada **(Annamaneni *et al*, 2011)**, osteoartrite **(Zhu *et al.*, 2014)**, psoríase **(Zhou *et al.*, 2014)**, diabetes **(Kamel *et al.*, 2014)**, doença arterial coronária (**Moradi *et al.*, 2017**), tuberculose (**Medapati *et al.*, 2017**), doenças autoimunes **(Mahto *et al.*, 2018**), asma **(Hutchinson *et al.*, 2018)** e doença renal crónica **(Yoshihara *et al.*, 2018)**.

Investigações anteriores centraram-se na relação entre os polimorfismos genéticos do VDR e os defeitos endócrinos que envolvem a SOP **(Mahmoudi, 2009; Ranjzad *et al.*, 2011; Wehr *et al.*, 2011a)**. Foi estudada a correlação entre a vitamina D e as variantes do VDR, como Cdx2, Fok1, Apa1, Taq1, com aspectos endócrinos, metabólicos e genéticos na SOP, que revelam o seu forte efeito funcional **(Wehr *et al.*, 2011a; Ranjzad *et al.*, 2011; Zadeh-Vakili *et al.*, 2013)**.

Objetivo do estudo:

1. Avaliar os níveis séricos de 25-hidroxi vitamina D3 em mulheres com síndrome dos ovários poliquísticos e comparar os seus níveis com os de controlos saudáveis com

idade e IMC.

2. Avaliar a correlação entre a resistência à insulina e a 25-hidroxi vitamina D_3 em mulheres com SOP.

3. Investigar a possível associação entre o polimorfismo de nucleótido único Cdx2 (G/A) do gene do recetor da vitamina D e o risco de SOP.

Capítulo 2

Materiais e métodos

2.1 População estudada:

Este estudo de caso-controlo envolveu oitenta e oito (88) mulheres dos 18 aos 34 anos de idade. As mulheres compareceram ao Centro de Infertilidade do Hospital Universitário de Bagdade durante o período de março de 2017 a junho de 2017. Foi obtido o consentimento informado de cada participante. O estudo foi aprovado pelo Comité de Ética da Faculdade de Medicina/Universidade de Bagdade.

As mulheres foram divididas em dois grupos: o grupo 1 era constituído por quarenta e cinco (45) mulheres recém-diagnosticadas com SOP e o grupo 2 era constituído por quarenta e três (43) mulheres saudáveis (que serviram de controlo).

As mulheres com SOP foram diagnosticadas de acordo com os critérios de Roterdão (**consenso revisto de 2003, 2004)** quando se verificam dois dos três critérios seguintes, que incluem oligoovulação e/ou anovulação (definida pela presença de oligomenorreia ou amenorreia secundária), hiperandrogenismo clínico e/ou bioquímico e ovários poliquísticos definidos por ecografia.

Foram excluídas deste estudo as mulheres com hiperprolactinemia, hiperplasia suprarrenal congénita, síndrome de Cushing, tumores secretores de androgénios, diabetes mellitus, alterações da função tiroideia, renal ou hepática, mulheres a fazer terapêutica de substituição hormonal, suplementação com cálcio ou vitamina D e a tomar medicamentos que afectam o metabolismo da insulina. **2.2 Métodos:**

2.1.1 Recolha de amostras de sangue:

Foram colhidos dez mililitros de sangue venoso de cada mulher entre as 8:00 e as 11:00 horas da manhã, após jejum noturno, durante a fase folicular (segundo ou terceiro dia do período menstrual). Recolheu-se 8 ml de amostra de sangue num tubo simples e deixou-se coagular à temperatura ambiente, depois a amostra foi centrifugada a (2000 rpm) durante dez minutos, o soro obtido foi transferido para outro tubo (tubos Eppendorf Safe-Lock) e foi congelado a -20 *oC* para ser analisado mais tarde, a amostra hemolisada foi descartada. Além disso, 2 ml de sangue foram transferidos para um tubo com EDTA utilizado para a análise do polimorfismo do gene *VDR*.

2.1.2 Avaliação bioquímica:

Cada amostra de soro foi analisada para medir a 25-hidroxi vitamina D3 através de um ensaio de imunoabsorção enzimática (ELISA) utilizando um kit fornecido pela (Bioactiva Diagnostica, Alemanha), a LH e a FSH através de um kit ELISA (Human Company, Alemanha), a testosterona livre através de um kit ELISA (Demeditec, Alemanha) e a insulina em jejum através de um kit ELISA (Monobind, EUA). Além disso, a glucose e o cálcio séricos em jejum foram medidos por espetrofotómetro utilizando kits fornecidos pela (Human Company, Alemanha).

Além disso, o modelo de avaliação da homeostase da resistência à insulina (HOMA-IR) calcula a RI de acordo com a seguinte fórmula **(Okita *et al.*, 2013)**:

HOMA-IR=Glicose plasmática em jejum (mg/dL)xInsulina plasmática em jejum (LlU'ml .)405.

Um valor de HOMA-IR igual ou superior a 2,5 foi considerado como resistente à insulina **(Aydin E e Ozkokeli, 2014)**.

2.1.3 Análise genética:

2.1.3.1 Genótipo do polimorfismo do gene do recetor da vitamina D:

As amostras de ADN foram amplificadas e analisadas para deteção do polimorfismo de nucleótido único Cdx2 (G/A) (rs11568820) do gene do recetor da vitamina D através da reação em cadeia da polimerase múltipla específica do alelo (ASM-PCR), utilizando primers específicos pré-concebidos fornecidos pela (Bioneer Corporation, Coreia), tal como descrito no ***quadro (2-1)***.

Table (2-1): Primers and product size for Cdx2 polymorphism of vitamin D receptor gene.			
SNP	*Location*	*Primers*	*Product size*
Cdx2 (G/A)	exone-1	**G-Forward :** 5'-AGG ATA GAG AAA ATA ATA GAA AAC ATT-3' **G-Reverse:** 5'-AAC CCA TAA TAA GAA ATA AGT TTT TAC-3' **A- Forward:** 5'-TCC TGA GTA AAC TAG GTC ACA A-3' **A-Reverse:** 5'-ACG TTA AGT TCA GAA AGA TTA ATTC-3'	**G-110bp** **A-235bp** **Internal control-297bp** (G-forward A-reverse)

A reação foi realizada num volume total de 50 Lil utilizando uma pré-mistura de PCR multiplex dourada (Bioneer Corporation, Coreia). A pré-mistura continha (DNA polimerase, pirofosfatase e pirofosfato, dNTPs, tampão de reação, corante de rastreio e estabilizador). Foi adicionada uma quantidade de 25pl de pré-mistura de PCR, 6iil de amostra de ADN, Ipl de cada iniciador direto e inverso e água destilada esterilizada desionizada (sem DNase, RNase) para completar o volume de reação. A PCR foi efectuada nas seguintes condições:

NO.	Steps	Temperature	Time	Cycles
1	Pre-denaturation	95°C	5min	1
2	Denaturation	95°C	30 sec	30
3	Annealing	60°C	30 sec	30
4	Extension	72°C	1 min	30
5	Final extension	72°C	5 min	1

Os amplicões foram submetidos a eletroforese com uma escada de ADN de 100 pb (Bioneer Corporation, Coreia) para detetar o tamanho dos fragmentos num gel de agarose a 2%. O gel foi visualizado no Gel Documentation System/UV transilluminator para revelar bandas que foram interpretadas como primers G- Forward e G-Reverse geram um fragmento de allO bp quando o alelo *G-* é encontrado, enquanto os primers A-Forward e A-Reverse geram um fragmento de 235 bp quando o alelo *A-* é encontrado. Os primers G-Forward e A-

Reverse geram um fragmento de 297 pb, que é considerado como um controlo interno e é independente do aparecimento do alelo *G* ou *A* **(Fang *et al.*, 2003)**.

2.1.4 Medidas antropométricas:

2.1.4.1 Estimativa do índice de massa corporal:

O índice de massa corporal (IMC) foi medido de acordo com a seguinte fórmula **(WHO Technical Report Series 894, 2000):**

IMC = peso (kg) / altura (m) ^{2}

O quadro (2-2) apresenta a classificação do peso corporal de acordo com o IMC **(Consulta de peritos da OMS, 2004)**.

Table (2-2): Categories of Body Mass Index (WHO expert consultation, 2004).

Classification	*BMI (Kg/m²)*
Under weight	<18.5
Severe thinness	<16
Moderate thinness	16-16.99
Mild thinness	17-18.49
Normal weight	18.5-24.99
Overweight	25.00 - 29.99
Obese	≥30.00
Class I	30.00 - 34.99
Class II	35.00 - 39.99
Class III	≥40.00

2.4.2 Medição da circunferência da cintura:

O perímetro da cintura foi estimado através da medição do ponto médio entre o bordo inferior da caixa torácica e a crista ilíaca, podendo fornecer informações práticas sobre a distribuição da gordura androide e os problemas de saúde associados **(James, 1996)**. ***O quadro (2-3)*** apresenta os pontos de corte do perímetro da cintura para diferentes indivíduos **(WHO Technical Report Series 894, 2000)**.

Table (2-3): Waist circumference and risk of metabolic complications correlated with obesity (WHO Technical Report Series 894, 2000).

Risk of metabolic complications	*Waist circumference (cm)*	
	Men	*Women*
Increased	≥ 94	≥ 80
Substantially increased	≥ 102	≥ 88

2.5 Análise estatística:

A análise dos dados foi efectuada utilizando o pacote estatístico disponível SPSS-24 (Statistical Packages for Social Sciences - versão 24). Os dados foram apresentados em medidas simples de frequência, percentagem, média, desvio padrão e amplitude (valores mínimos e máximos).

O significado da diferença entre médias diferentes (dados quantitativos) foi testado utilizando o teste t de Student para a diferença entre duas médias independentes ou o teste ANOVA para a diferença entre mais de duas médias independentes. A significância da diferença entre percentagens diferentes (dados qualitativos) foi testada utilizando o teste do qui-quadrado de Pearson (χ^2 -test) com aplicação da correção de Yate ou o teste exato de Fisher, sempre que aplicável.

A correlação de Pearson também foi calculada para a correlação entre duas variáveis quantitativas com o respetivo teste t para testar a significância da correlação. A significância estatística foi considerada sempre que o valor de P era igual ou inferior a 0,05.

O equilíbrio de Hardy-Weinberg (HWE) foi avaliado pelo teste do Qui-quadrado para doentes e controlos. Além disso, foram calculados os rácios de probabilidades com intervalos de confiança de 95% para avaliar a força da associação entre o polimorfismo Cdx2 do gene *VDR* e o risco de SOP. Os rácios de probabilidades também foram calculados para comparação da frequência dos alelos (G vs A).

O estado hormonal e metabólico das mulheres com SOP foi avaliado de acordo com a distribuição genotípica do polimorfismo Cdx2. Além disso, os níveis de vitamina D e de cálcio foram calculados em relação à distribuição genotípica do polimorfismo Cdx2, tanto nas doentes como nos controlos.

Capítulo 3

Resultados

3.1 Caraterísticas gerais e clínicas da população estudada:

A Tabela (3-1A) mostra a classificação dos doentes e dos controlos de acordo com a idade, o índice de massa corporal e o perímetro da cintura, com o respetivo número e percentagem. Enquanto ***a Tabela (3-1B)*** mostra que os doentes e os controlos estavam emparelhados relativamente à idade, ao índice de massa corporal e ao perímetro da cintura.

Tabela (3-1A): Classificação dos doentes e dos controlos de acordo com a idade, o IMC e o perímetro da cintura.

Parameters		*Patients (n=45)*		*Controls (n=43)*		*P value*
		No	*%*	*No*	*%*	
Age (years)	<20	5	11.1%	4	9.3%	0.923
	20---24	15	33.3%	12	27.9%	
	25---29	16	35.6%	17	39.5%	
	=>30	9	20.0%	10	23.3%	
BMI (Kg/m2)	Normal (18.5-24.9)	15	33.3%	19	44.2%	0.511
	Overweight (25-29.9)	18	40.0%	16	37.2%	
	Obese (=>30)	12	26.7%	8	18.6%	
WC (cm)	Normal (<88)	28	62.2%	27	62.7%	0.778
	Obese (=>88)	17	37.8%	16	37.3%	

*Diferença significativa entre proporções utilizando o teste do Qui-quadrado de Pearson ao nível de 0,05.

Tabela (3-1B): Valor médio da idade, índice de massa corporal e perímetro da cintura para doentes e controlos.

Parameters	*Patients (n=45)*		*Controls (n=43)*		*P value*
	Mean±SD	*Range*	*Mean±SD*	*Range*	
Age (yr)	25.40±4.60	(18-34)	26.12±4.71	(19-34)	0.472
BMI(Kg/m²)	27.32±3.59	(21.20-36.10)	26.47±3.59	(20.10-33.90)	0.275
WC (cm)	85.91±7.95	(75.0-110.0)	84.93±7.89	(70.0-106)	0.609

*Diferença significativa entre duas médias independentes utilizando o teste-t de Student ao nível de 0,05.

Há um aumento significativo do valor médio da glicose sérica em jejum (p=0,0001), da insulina (p=0,0001), do HOMA-IR (p=0,0001), da LH (p=0,0001), da relação LH/FSH (p=0,0001) e da testosterona livre (p=0,0001), com uma diminuição significativa do valor médio dos níveis séricos de FSH (p=0,0001) nos doentes, em comparação com os controlos, como se mostra na ***Tabela (3-2)***.

Tabela (3-2): Valor médio da glicose sérica em jejum, insulina, HOMA-IR, LH, FSH, relação LH/FSH e níveis de testosterona livre para doentes e controlos.

Parameters	*Patients (n=45)*		*Controls (n=43)*		*P value*
	Mean±SD	*Range*	*Mean±SD*	*Range*	
F.S.G (mg/dl)	93.71±3.58	(88.14-100.19)	87.34±4.07	(80.11-95.60)	0.0001*
S. Insulin (μU/ml)	14.01±1.29	(11.74-16.67)	6.23±1.11	(4.72-8.66)	0.0001*
HOMA-IR	3.243±0.33	(2.590-3.976)	1.349±0.283	(1.002-2.044)	0.0001*
S. LH (IU/l)	8.92±2.62	(5.21-12.87)	5.68±0.46	(5.02-6.61)	0.0001*
S.FSH (IU/l)	5.10±0.52	(4.11-6.30)	5.75±0.43	(5.11-6.44)	0.0001*
S. LH/FSH	1.752±0.50	(1.036-2.595)	0.995±0.129	(0.815-1.264)	0.0001*
S. Free T (pg/ml)	5.31±0.47	(4.21-6.14)	1.38±0.52	(0.76-2.60)	0.0001*

*Diferença significativa entre duas médias independentes utilizando o teste-t de Student ao nível de 0,05.

3.2 Vitamina D e cálcio:

A Tabela (3-3A) mostra o número e a percentagem de doentes e controlos de acordo com os níveis séricos de 25-hidroxi vitamina D3. Além disso, os níveis séricos de 25-hidroxi vitamina D3 eram significativamente mais baixos nos doentes do que nos controlos, como se pode ver na ***Tabela (3-3B) e*** na ***Figura (3-4)***. Além disso, ***a Tabela (3-3B)*** demonstra os níveis séricos de 25-hidroxi vitamina D3 dentro do percentil 5th , 25th , 50th , 75th , 95th , 99th tanto para os doentes como para os controlos.

Tabela (3-3A): Número e percentagem de doentes e controlos de acordo com os níveis séricos de 25-hidroxi vitamina D3.

25-OH Vitamin D_3 (ng/ml)	*Patients (n=45)*		*Controls (n=43)*		*P value*
	No	*%*	*No*	*%*	
Normal	0	0%	4	9.3%	0.0001*
Insufficiency	5	11.12%	34	79.06%	
Deficiency	40	88.88%	5	11.64%	

*Diferença significativa entre proporções utilizando o teste do Qui-quadrado de Pearson ao nível de 0,05.

Tabela (3-3B): Valor médio, intervalo e percentil da 25-hidroxi vitamina D3 sérica para doentes e controlos.

25-OH Vitamin D_3 (ng/ml)	*Patients (n=45)*	*Controls (n=45)*
Mean±SD	7.305±2.458	18.443±6.314
Range	(4.37-14.34)	(8.90-31.59)
Percentile 05th	4.63	9.41
25th	5.49	13.33
50th (Median)	6.89	18.21
75th	7.79	20.88
95th	13.30	30.90
99th	14.34	31.59
P value	0.0001*	

*Diferença **significativa** entre duas médias independentes utilizando o teste-t de Student ao nível de 0,05.

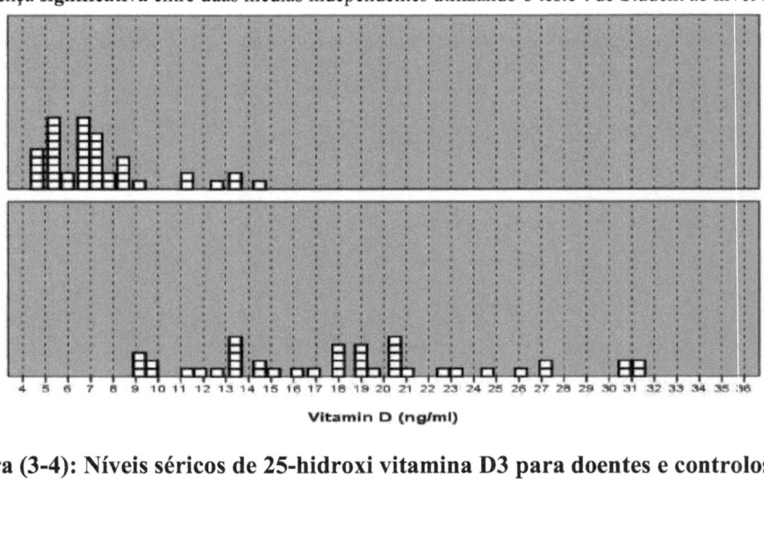

Figura (3-4): Níveis séricos de 25-hidroxi vitamina D3 para doentes e controlos.

Além disso, os níveis séricos de cálcio eram significativamente mais baixos nos doentes em comparação com os controlos (p=0,0001), como se mostra na ***Tabela (3-4).***

Tabela (3-4): Valor médio dos níveis de cálcio sérico para doentes e controlos.

parameter	*Patients (n=45)*		*Controls (n=43)*		*P value*
	Mean±SD	*Range*	*Mean±SD*	*Range*	
S. Calcium (mg/dl)	8.21±0.09	(8.10-8.40)	9.06±0.26	(8.60-9.42)	0.0001*

*Diferença **significativa** entre duas médias independentes utilizando o teste-t de Student ao nível de 0,05.

Além disso, o valor médio dos níveis séricos de 25-hidroxi vitamina D3 foi calculado de acordo com o índice de massa corporal (peso normal, excesso de peso e obesidade). Os resultados não revelaram qualquer diferença significativa no valor médio dos níveis séricos de 25-hidroxi vitamina D3 entre os grupos de peso normal, excesso de peso e obesidade para os doentes (p=0,936), bem como para os controlos (p=0,114), conforme ilustrado na ***Tabela (3-5)***. Além disso, o valor médio dos níveis séricos de 25-hidroxi vitamina D3 foi calculado de acordo com o perímetro da cintura

[Grupo com perímetro da cintura normal (CC<88 cm) e grupo obeso (CC=>88 cm)]. Os resultados não revelaram uma diferença significativa no valor médio dos níveis séricos de 25-hidroxi vitamina D3 entre as mulheres com perímetro da cintura normal e as mulheres com obesidade central no grupo de doentes (p=0,254), mas encontraram uma diferença significativa entre as mulheres com perímetro da cintura normal e as mulheres com obesidade central no grupo de controlos (p=0,015), conforme demonstrado na ***Tabela (3-6)***.

Tabela (3-5): Valor médio dos níveis séricos de 25-hidroxi vitamina D3 de acordo com o índice de massa corporal para doentes e controlos.

BMI (kg/m²)	*Serum 25-OH Vitamin D_3 (ng/ml)*			
	Patients (n=45)		*Controls(43)*	
	No	*Mean±SD*	*No*	*Mean±SD*
Normal weight (18.5-24.9)	15	7.25±2.30	19	19.90±5.57
Overweight (25-29.9)	18	7.46±2.86	16	18.73±7.54
Obese (=>30)	12	7.13±2.18	8	14.40±3.58
P value	0.936		0.114	

*Diferença significativa entre mais de duas médias independentes utilizando o teste ANOVA ao nível de 0,05.

Tabela (3-6): Valor médio dos níveis séricos de 25-hidroxi vitamina D3 de acordo com o perímetro da cintura para doentes e controlos.

WC (cm)	*Serum 25-OH Vitamin D_3 (ng/ml)*			
	Patients (n=45)		*Controls (n=43)*	
	No	*Mean±SD*	**No**	*Mean±SD*
Normal WC (<88 cm)	28	6.98±2.38	27	20.13±6.591
Obese (=>88 cm)	17	7.85±2.55	16	15.28±4.405
P value	0.254		0.015*	

*Diferença significativa entre duas médias independentes utilizando o teste-t de Student ao nível de 0,05.

Além disso, o valor médio dos níveis séricos de 25-hidroxi vitamina D3 foi calculado de acordo com os níveis séricos do rácio LH/FSH (2:1; 1:1) para o grupo de doentes. Os resultados revelaram uma diminuição significativa do valor médio dos níveis séricos de 25-hidroxi vitamina D3 para o grupo de doentes com rácio LH/FSH (2:1) do que para o grupo com rácio LH/FSH (1:1) (p=0,028), como se pode ver na ***Tabela (3-7)***.

Tabela (3-7): Valor médio dos níveis séricos de 25-hidroxi vitamina D3 de acordo com os níveis séricos do rácio LH/FSH para o grupo de doentes

Gonadotropin hormone		*Serum 25-OH Vitamin D_3 (ng/ml)*	
		Patients (n=45)	
		No	*Mean±SD*
LH/FSH	**Ratio (1:1)**	24	8.05±2.06
	Ratio (2:1)	21	6.45±2.64
	P value	0.028*	

*Diferença significativa entre duas médias independentes utilizando o teste-t de Student ao nível de 0,05.

Foram encontradas correlações negativas significativas entre os níveis séricos de 25-hidroxi vitamina D3 e a glucose sérica em jejum (r= -0,484, p=0,01), a insulina sérica em jejum (r= -0,422, p=0,04) e o HOMA-IR (r= -0,542, p=0,0001) no grupo de doentes, como se mostra na ***Figura (3-1), (3-2) e (3-3)***, respetivamente.

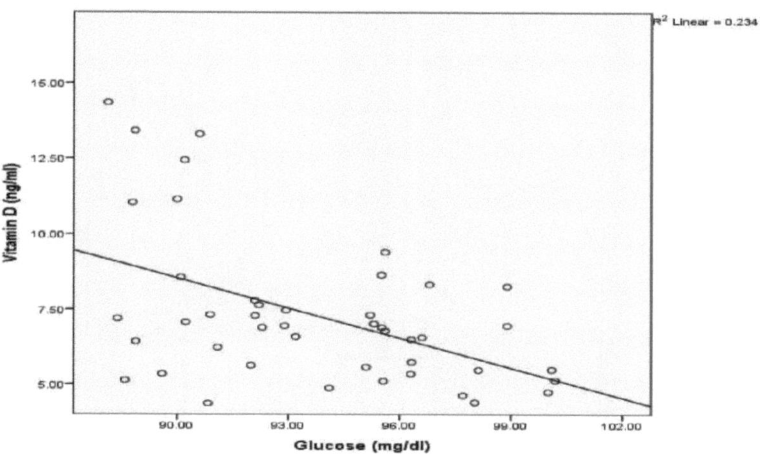

Figura (3-1): Correlação negativa significativa entre os níveis séricos de 25-hidroxi vitamina D3 e a glucose sérica em jejum nos doentes (r= - 0,484, p=0,01).

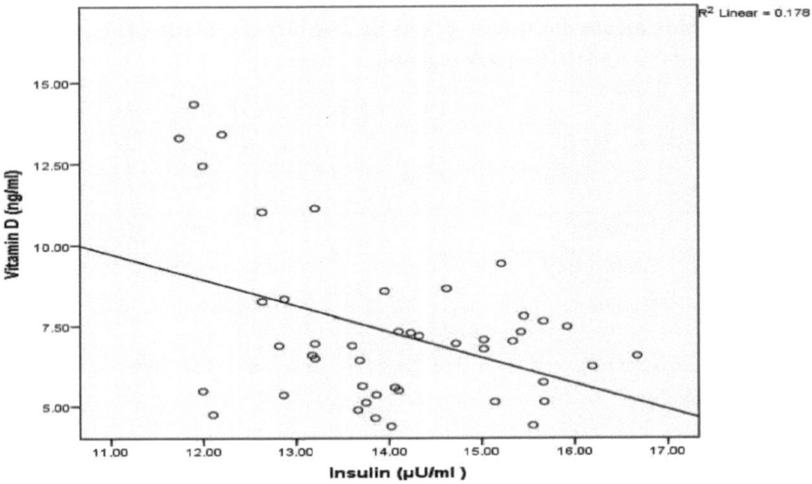

Figura (3-2): Correlação negativa significativa entre os níveis séricos de 25-hidroxi vitamina D3 e a insulina sérica em jejum para os doentes (r= - 0,422, p=0,04).

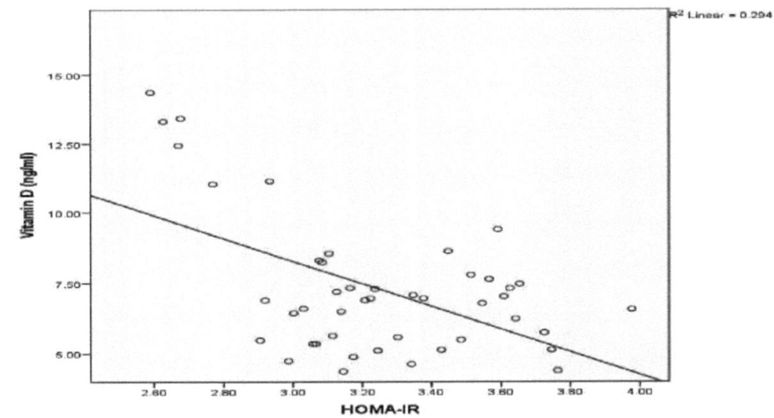

Figura (3-3): Correlação negativa significativa entre os níveis séricos de 25-hidroxi vitamina D3 e o HOMA-IR para os doentes (r= -0,542, p=0,0001).

3.3 Polimorfismo do gene do recetor da vitamina D:

Não houve diferença significativa na distribuição das frequências genotípicas do polimorfismo Cdx2 do gene *VDR* entre o grupo de doentes e o grupo de controlos. Portadores GG (p= 0,141), portadores GA (p= 0,189) e portadores AA (p= 1), conforme ilustrado na ***Tabela (3-8).***

Tabela (3-8): Distribuição da frequência alélica e genotípica do polimorfismo Cdx2 do gene do recetor da vitamina D entre doentes e controlos.

Genotype or Allele	*Patients (n= 45)*		*Controls (n = 43)*		*Odds Ratio*	*95% Confidence Interval.*	*p-value*
	No.	*%*	*No.*	*%*			
GG	24	53.3%	16	37.2%	1.93	0.83 - 4.48	0.141
GA	14	31.1%	20	46.5%	0.52	0.22 - 1.23	0.189
AA	7	15.6%	7	16.3%	0.95	0.31 - 2.93	1.000
G-allele	62	68.9	52	60.5%	1.45	0.78 - 2.69	0.271
A-allele	28	31.1%	34	39.5%	0.69	0.37 - 1.28	0.271

*Diferença significativa entre proporções utilizando o teste do Qui-quadrado de Pearson ao nível de 0,05.

Além disso, as caraterísticas metabólicas e endócrinas do grupo SOP foram avaliadas através do cálculo do valor médio da glicose sérica em jejum, insulina, HOMA-IR, LH, FSH, rácio LH/FSH e testosterona livre de acordo com as portadoras GG, GA e AA. O resultado encontrou glicose sérica em jejum significativamente mais baixa (p=0,02), insulina (p=0,01), HOMA-IR (p=0,00001) em portadores AA do que em portadores GA e GG. No entanto, os resultados mostraram níveis séricos significativamente mais elevados de LH (p=0,002) e rácio LH/FSH (p=0,003) em portadores GG do que em portadores GA e AA (p=0,002) e nenhuma diferença significativa no valor médio dos níveis séricos de FSH (p=0,148) e de testosterona livre (p=0,091) entre portadores GG, GA e AA, como se mostra na ***Tabela (3-9).***

Tabela (3-9): Valor médio da glicose sérica em jejum, insulina, HOMA-IR, LH, FSH, razão LH/FSH e níveis de testosterona livre de acordo com os portadores GG, GA, AA do polimorfismo Cdx2 entre o grupo de pacientes.

Parameters	*Patients (n=45)*			*P value*
	GG (n=24)	*GA (n=14)*	*AA (n=7)*	
	Mean±SD	*Mean±SD*	*Mean±SD*	
F.S.G (mg/dl)	95.02±2.85	93.32±4.08	89.97±1.67	0.02*
S. Insulin (μU/ml)	14.25±1.23	14.4±1.06	12.4±0.604	0.01*
HOMA-IR	3.34±0.275	3.31±0.27	2.75±0.16	0.00001*
S. LH (IU/l)	10.17±2.27	7.48±2.35	7.51±2.23	0.002*
S. FSH (IU/l)	5.16±0.47	4.89±0.44	5.31±0.73	0.148
S. LH/FSH ratio	1.97±0.45	1.53±0.47	1.41±0.36	0.003*
S. Free testosterone (pg/ml)	5.27±0.47	5.50±0.51	5.04±0.12	0.091

*Diferença significativa entre mais de duas médias independentes utilizando o teste ANOVA ao nível de 0,05.

Da mesma forma, o valor médio dos níveis séricos de 25-hidroxi vitamina D3 e de cálcio foi calculado de acordo com os portadores GG, GA e AA do polimorfismo Cdx2 para doentes e controlos. Os resultados observaram níveis significativamente mais baixos de 25-hidroxi vitamina D3 sérica nos portadores GG do que nos portadores GA e AA, tanto nos doentes (p=0,00001) como nos controlos (p=0,00001). No entanto, não se verificou uma diferença significativa no valor médio dos níveis séricos de cálcio entre os portadores GG, GA e AA, tanto para os doentes (p=0,949) como para os controlos (p=0,46), conforme demonstrado na ***Tabela (3-10)***.

Tabela (3-10): Valor médio dos níveis séricos de 25-hidroxi vitamina D3 e cálcio de acordo com os portadores GG, GA, AA do polimorfismo Cdx2 para doentes e controlos.

Parameters	*A and/or G carriers*	*Serum 25-OH vitamin D_3 (ng/ml)*	*Serum Calcium (mg/dl)*
		Mean±SD	*Mean±SD*
Patients (n=45)	**GG (n=24)**	5.73±0.86	8.21±0.09
	GA (n=14)	8.1507±2.03	8.213±0.08
	AA (n=7)	10.74±2.76	8.2±0.081
P value		0.00001*	0.949
Controls (n=43)	**GG (n=16)**	13.71±3.33	8.93±0.253
	GA (n=20)	20.202±5.86	9.12±0.259
	AA (n=7)	24.22±5.46	9.15±0.19
P value		0.00001*	0.46

*Diferença significativa entre mais de duas médias independentes utilizando o teste ANOVA ao nível de 0,05.

Capítulo 4

Discussão

A síndrome dos ovários poliquísticos é um distúrbio heterogéneo de excesso de androgénios com vários graus de perturbação gonadotrópica e metabólica (**Kollmann *et al.*, 2015**).

O resultado deste estudo revelou um aumento significativo do valor médio dos níveis séricos de testosterona livre em mulheres com SOP, em comparação com controlos saudáveis com idade e IMC, à semelhança de outros estudos (**Wehr *et al.*, 2011a; El-Shal *et al.*, 2013**). Além disso, Huang *et al.* descobriram que 75% dos pacientes com SOP têm hiperandrogenismo, e mais de 80% dos pacientes apresentam níveis elevados de testosterona livre (**Huang *et al.*, 2010**).

Os resultados deste estudo também mostraram um aumento significativo do valor médio da LH sérica e do rácio LH/FSH, com uma diminuição significativa do valor médio dos níveis de FSH sérica em doentes com SOP, em comparação com controlos saudáveis correspondentes em termos de idade e IMC. Estes resultados estão de acordo com estudos anteriores (**Lane, 2006; Ranjzad *et al.*, 2011**). As alterações na secreção de gonadotropina e a insensibilidade à secreção hipotalâmica da hormona libertadora de gonadotropina (GnRH) causam um aumento da amplitude e frequência do pulso de LH com uma diminuição relativa da secreção de FSH, criando um aumento da relação LH/FSH em doentes com SOP (**Trikudanathan, 2015**).

Um nível anormalmente elevado de LH durante o período menstrual tem um efeito negativo. Presume-se que cause uma maturação incompleta dos folículos ováricos durante a fase folicular do período menstrual e uma fraca recetividade endometrial na fase lútea (**Katulski *et al.*, 2015**).

Além disso, os dados deste estudo demonstraram que os níveis mais elevados de glicose sérica em jejum, insulina e HOMA-IR em mulheres com SOP, em comparação com controlos saudáveis correspondentes à idade e ao IMC, estão de acordo com estudos anteriores (**Kumar *et al.*, 2015; Subashree *et al.*, 2017**).

A hiperinsulinemia, a resistência periférica à insulina e a tolerância à glucose diminuída são as principais anomalias metabólicas observadas na SOP **(Naidu *et al.*, 2013)**. A hiperinsulinemia encontrada na SOP pode ser devida a problemas funcionais na insulina **(Kumar *et al.*, 2015)**. Foram encontrados receptores de insulina nos ovários **(Wild, 2002)**. Assim, a insulina tem a capacidade de aumentar a esteroidogénese e o crescimento dos ovários, resultando num aumento dos androgénios intra-ováricos, bem como na perturbação da foliculogénese normal. Isto leva ao desenvolvimento de numerosos quistos ovarianos e ao aumento dos ovários **(Kumar *et al.*, 2015)**.

Neste contexto, foram sugeridas várias teorias por Odunsi e Kidd relativamente ao desenvolvimento da SOP **(Odunsi e Kidd, 1999)**: **A primeira teoria,** a teoria da hormona luteinizante-célula intersticial da teca (LH-TIC), que supõe que níveis elevados de LH aumentam o crescimento das TIC nos folículos em desenvolvimento, resultando numa produção excessiva de androgénios e na atresia folicular. **Segunda teoria,** a teoria da hormona folículo-estimulante - células da granulosa (FSH-GC), que pressupõe que níveis baixos de FSH causam uma indução subnormal da citocromo P450 aromatase nas células da granulosa, provocando níveis elevados de androgénios. **Terceira teoria,** relacionada com a alteração do sistema de insulina. A IR desempenha um papel no desenvolvimento folicular anormal encontrado na SOP.

Além disso, assumiu-se que a vitamina D tem um efeito fisiológico na reprodução envolvendo o desenvolvimento folicular ovariano e a luteinização, alterando a sensibilidade à FSH e a produção de progesterona nas células da granulosa humana **(Irani e Merhi, 2014)**.

Este estudo revelou que foram encontrados níveis significativamente mais baixos e uma prevalência mais elevada de deficiência de vitamina D em mulheres com SOP em comparação com controlos saudáveis correspondentes em termos de idade e IMC. Este achado está de acordo com investigações anteriores **(El-Shal *et al.*, 2013; Kumar *et al.*, 2015; Lazurova *et al.*, 2016)** que sugeriram que a elevada prevalência de IR e os baixos níveis de vitamina D podem ser responsáveis pelas anomalias metabólicas e endócrinas na SOP **(Kumar *et al.*, 2015)**.

Outro estudo relatou que não houve diferença significativa no valor médio dos níveis de vitamina D entre o grupo com SOP e o grupo de controlo, mas foi encontrada uma elevada proporção de deficiência de vitamina D em doentes com SOP, aproximadamente 67-85%, com níveis séricos de 25(OH)D3 inferiores a 20 ng/ml **(Thomson *et al.*, 2012)**. No entanto, um estudo realizado por Kim *et al.* observou que a deficiência de vitamina D é comum entre as mulheres com SOP e os controlos e a percentagem de deficiência de vitamina D foi de 57,9% nas doentes contra 56,5% nos controlos. Além disso, não encontraram quaisquer correlações entre os níveis séricos de vitamina D e as caraterísticas clínicas ou metabólicas da SOP **(Kim *et al.*, 2014)**.

Nesta edição, Hahn *et al.* propuseram que os baixos níveis de vitamina D poderiam ser um fator primordial no início e desenvolvimento da SOP e que a abundância desta vitamina na dieta poderia ajudar a restaurar a menstruação normal em mulheres com esta síndrome **(Hahn *et al.*, 2006)**.

Vários estudos também assumiram que a deficiência de vitamina D pode ser um fator causal na patogénese da IR e na perturbação metabólica encontrada na SOP **(Guducu *et al.*, 2014; Mishra *et al.*, 2016; Keshavarz *et al.*, 2017; Kumar *et al.*, 2017; Malky *et al.*, 2018)**.

Além disso, estudos recentes concluíram que níveis baixos de vitamina D podem agravar os sintomas da SOP, incluindo IR, disfunção ovulatória, menstruação irregular, infertilidade e hiperandrogenismo **(Lin e Wu, 2015; Sur e Chakravorty, 2015; Joham *et al.*, 2016; Trummer *et al.*, 2018)**.

Vários estudos ilustraram a associação entre baixas concentrações de vitamina D e caraterísticas da SOP. Yildizhan ***et al.*** observaram que níveis mais baixos de 25(OH)D3 estavam correlacionados com níveis elevados de testosterona, DHEAS e rácio LH/FSH **(Yildizhan *et al.*, 2009)**. Em contrapartida, Hahn *et al.* observaram que os níveis de vitamina D estavam associados ao índice de androgénios livres e à SHBG, mas não à testosterona total, à androstenediona, à DHEAS, ao estradiol ou à relação LH/FSH **(Hahn *et al.*, 2006)**.

Além disso, Li *et al.* verificaram que níveis baixos de vitamina D estavam correlacionados com uma menor sensibilidade à insulina e níveis mais baixos de colesterol HDL (independentemente do IMC e do rácio cintura/quadril) **(Li *et al.*, 2011)**.

O resultado deste estudo também encontrou correlações negativas significativas entre os níveis séricos de 25-hidroxi vitamina D3 e a glucose sérica em jejum, a insulina e o HOMA-IR no grupo de doentes, em concordância com outros estudos **(Liu *et al.*, 2009; Alvarez e Ashraf, 2010; Li *et al.*, 2011; El-Shal *et al.*, 2013; Kumar *et al.*, 2015; Haidari *et al.*, 2016)**.

Existem certas evidências sobre o papel da vitamina D no desenvolvimento de anormalidades metabólicas e endócrinas na SOP mediadas pela RI **(He *et al.*, 2015; Telwani *et al.*, 2017)**. **Em primeiro lugar,** a vitamina D pode ter um impacto útil na ação da insulina através do aumento da expressão dos receptores de insulina, estimulando assim a capacidade de resposta da insulina para o transporte de glicose **(Pittas *et al.*, 2007)**. Foi sugerido que o elemento de resposta à vitamina D (VDRE) se encontra na região promotora do gene da insulina **(Maestro *et al.*, 2003)** e que a transcrição do gene da insulina é estimulada pela vitamina D ativa **(Maestro *et al.*, 2002)**. **Em segundo lugar,** a vitamina D tem um efeito modulador no sistema imunitário **(Bikle, 2009)**. Assim, níveis baixos de vitamina D poderiam aumentar a resposta inflamatória, que está associada à IR **(Shoelson *et al.*, 2007)**.

Além disso, este estudo mostrou que o valor médio dos níveis séricos de 25-hidroxi vitamina D3 era significativamente mais baixo nos controlos com obesidade central do que nos controlos com perímetro da cintura normal. Este facto pode dever-se à deposição de vitamina D (vitamina lipossolúvel) nos tecidos adiposos das pessoas obesas, o que leva a níveis mais baixos de vitamina D no soro **(Asimi *et al.*, 2014)**.

Um estudo de Kozakowski *et al.* descobriu que a concentração de vitamina D era mais baixa em indivíduos com obesidade abdominal em comparação com indivíduos com obesidade ginóide **(Kozakowski *et al.*, 2014)**.

Não está claro se os baixos níveis de vitamina D resultam da obesidade e/ou se a obesidade é uma consequência dos baixos níveis de vitamina D. Por um lado, a obesidade pode contribuir para os baixos níveis de vitamina D circulante ao reter a vitamina D nos tecidos adiposos **(Lerchbaum e Obermayer-Pietsch, 2012)**.

Este estudo também encontrou uma elevada percentagem de baixos níveis séricos de

25-hidroxi vitamina D3 entre os doentes e os controlos. Estes resultados coincidem com vários estudos do Médio Oriente que mostraram uma elevada proporção de deficiência de vitamina D nesta área (**Goswami *et al.*, 2000; Dawodu *et al.*, 2003; Kazemi *et al.*, 2009; Ardabili *et al.*, 2012; Moini *et al.*, 2015; Zhang *et al.*, 2016; Bostanci *et al.*, 2017**). Esta situação pode dever-se a uma menor exposição solar ou a factores relacionados com o estilo de vida, tais como a alimentação (baixa ingestão de cálcio e elevado teor de fitatos), a gravidez e o uso de vestuário pesado no inverno, que têm sido sugeridos como possíveis causas (**Goswami *et al.*, 2000**).

Os dados deste estudo mostraram níveis de cálcio sérico significativamente mais baixos nos doentes em comparação com os controlos, resultado semelhante ao de outros estudos (**Mazloomi *et al.*, 2012; Subashree *et al.*, 2017**). A possível explicação pode ser a diminuição da absorção de cálcio quando os níveis séricos de 25- hidroxivitamina D_3 <20 nmol / L (**Lips *et al.*, 2012**).

Sugeriu-se que a vitamina D é necessária para a absorção adequada de cálcio e que o cálcio é necessário para o desenvolvimento normal dos folículos todos os meses. Assim, a diminuição da absorção de cálcio pode impedir a maturação folicular, levando a um padrão cístico dos ovários (**Dasgupta *et al.*, 2015**).

Além disso, a vitamina D tem um papel importante na regulação da concentração e do fluxo de cálcio através das células 0 do pâncreas (**Sergeev e Rhoten, 1995**). Deste modo, o cálcio aumenta a secreção de insulina do pâncreas. Assim, qualquer alteração no fluxo de cálcio pode ter um efeito adverso na secreção de insulina (**Sun *et al.*, 2005**).

Um conceito recente sugere que o impacto da vitamina D na reprodução pode não ser direto, mas sim secundário ao baixo nível de cálcio ou à desregulação dos estrogénios que o acompanha (**Nandi *et al.*, 2016**).

Além disso, vários estudos investigaram os efeitos da suplementação com vitamina D e/ou cálcio nos parâmetros metabólicos e endócrinos em mulheres com SOP:

Um estudo efectuado por Rashidi *et al.* incluiu sessenta mulheres inférteis com SOP. Mostraram um número mais elevado de folículos dominantes num grupo tratado com suplementos de vitamina D e cálcio, para além da terapêutica com metformina, do que num grupo tratado apenas com metformina, o que pode indicar um efeito útil dos suplementos de vitamina D e cálcio na fertilidade, regulando o período menstrual e a ovulação **(Rashidi *et al.*, 2009)**.

Além disso, Selimoglu e colaboradores mostraram que a suplementação de vitamina D pode melhorar a RI e o hiperandrogenismo **(Selimoglu *et al.*, 2010)**.

Wehr e colegas verificaram que o suplemento semanal de vitamina D durante 24 semanas resultou numa diminuição significativa da glucose no sangue em jejum, da glucose estimulada e dos níveis de péptido C. Estes resultados pressupõem que o suplemento de vitamina D conduz a uma melhoria do metabolismo da glucose **(Wehr *et al.*, 2011b)**.

Da mesma forma, Firouzabadi *et al.* observaram que a redução de peso, o desenvolvimento folicular, a melhoria do hiperandrogenismo, bem como a regularidade menstrual, foram causados pela suplementação de cálcio e vitamina D em pacientes com SOP. Assim, os autores assumiram que a terapia com vitamina D pode ser um tratamento potencial para a melhoria da IR e da infertilidade associadas à SOP **(Firouzabadi *et al.*, 2012)**.

Curiosamente, estudos anteriores descobriram uma possível via pela qual a vitamina D pode estar envolvida na patogénese da SOP. Precisamente, os produtos finais de glicação avançada (AGEs) estão incluídos no processo patológico da SOP (**Merhi, 2014**). A ligação dos AGEs ao seu recetor (AGE-RAGE) estimula a ativação de genes pró-inflamatórios, levando a danos celulares **(Kalea *et al.*, 2009)**. Estes efeitos são invertidos por uma forma extracelular de RAGE, o recetor solúvel para AGEs (sRAGE), que interage com AGEs circulantes, suprimindo assim a interação AGE-RAGE. De acordo com as informações acima referidas, um estudo incluiu 16 mulheres com SOP e 35 controlos que receberam vitamina D durante 8 semanas. O resultado revelou um aumento significativo de sRAGE, o que significa que a vitamina D pode exercer acções anti-inflamatórias através da elevação dos níveis de sRAGE **(Irani *et al.*, 2014)**. Além disso, foi observada uma redução nos níveis séricos de AMH no grupo PCOS. Por conseguinte, o suplemento de vitamina D pode melhorar a disfunção ovárica e a foliculogénese em mulheres com SOP através da normalização dos níveis de AMH (**Irani *et al.*, 2014**).

Outros estudos recentes sobre suplementos de vitamina D e/ou cálcio. Foroozanfard *et al.* observaram que a co-suplementação de cálcio e vitamina D durante 8 semanas em mulheres deficientes em vitamina D com SOP teve efeitos benéficos nos factores inflamatórios e nos biomarcadores do stress oxidativo. Mostraram uma maior diminuição da proteína C-reactiva de alta sensibilidade no soro e das concentrações plasmáticas de malondialdeído (MDA), com uma elevação significativa da capacidade antioxidante total (TAC) e dos níveis de glutatião (GSH) no plasma, em comparação com os grupos de cálcio isolado, vitamina D isolada e placebo (**Foroozanfard *et al.*, 2015**).

Gupta *et al.* encontraram um impacto benéfico da suplementação de vitamina D nas disfunções ovulatórias, bem como na pressão arterial. Após a suplementação, registou-se uma diminuição da RI e um aumento da sensibilidade à insulina (**Gupta *et al.*, 2017**).

Um estudo efectuado por Seyyed Abootorabi *et al.* observou uma melhoria da glicemia em jejum, dos níveis de HOMA-B e do marcador de adipócitos-adiponectina através da toma de suplementos de vitamina D (**Seyyed Abootorabi *et al.*, 2017**).

Algumas evidências sugerem que a componente genética tem um papel importante na etiologia da SOP (**Azziz *et al.*, 2004**). "Nas famílias com casos de SOP, existem provas de hereditariedade tanto da hiperandrogenaemia como da hiperinsulinemia nos irmãos afectados" (**Legro *et al.*, 1998; Legro e Strauss, 2002; Franks e McCarthy, 2004**). "A história familiar, como reflexo do risco genético, também pode ser considerada como um fator de risco e, por isso, é importante para determinar o risco de um indivíduo desenvolver SOP (**Kahsar-Miller e Azziz, 1998**)" (**Dasgupta *et al.*, 2008**).

O gene do recetor da vitamina D é considerado um importante gene candidato para a SOP (**Morteza *et al.*, 2013**). Trata-se de um fator de transcrição ativado por ligandos que medeia as acções genómicas da vitamina D na regulação de várias funções endócrinas e celulares que envolvem o metabolismo ósseo e a homeostase do cálcio-fosfato (**Ranjzad *et al.*, 2010**). Encontra-se em vários tecidos e modula a expressão de vários genes-alvo para produzir diferentes respostas biológicas (**Dasgupta *et al.*, 2015**).

Partiu-se do princípio de que os SNP no gene *VDR* poderiam afetar a quantidade, a estabilidade e a atividade do VDR, bem como a taxa de transcrição do gene *VDR* **(Baker *et al.*, 1988)**.

Neste estudo, o polimorfismo de nucleótido único Cdx2 (G/A) do gene *VDR* foi examinado em mulheres com SOP e em mulheres do grupo de controlo e testado quanto ao seu efeito nos níveis de vitamina D e/ou nas manifestações de SOP. Os resultados não encontraram diferenças significativas na distribuição das frequências genotípicas entre mulheres com SOP e controlos e sugeriram uma associação não significativa entre o polimorfismo Cdx2 e o risco de SOP.

A este respeito, um estudo austríaco não revelou qualquer diferença significativa nas frequências genotípicas do polimorfismo Cdx2 entre o grupo SOP e o grupo de controlo, mas encontrou uma associação do polimorfismo Cdx2 com o metabolismo da insulina **(Wehr *et al.*, 2011a)**. Em contrapartida, um estudo indiano encontrou uma diferença significativa nas distribuições das frequências genotípicas e alélicas do polimorfismo Cdx2 entre pacientes com SOP e controlos **(Dasgupta *et al.*, 2015)**.

Outros estudos investigaram a ligação entre os polimorfismos do gene *VDR* e o risco de SOP. Um estudo efectuado por Zadeh-Vakili *et al.* sugeriu que a variação genética do VDR estava associada à gravidade das manifestações clínicas da SOP, mas não ao risco de doença **(Zadeh-Vakili *et al.*, 2013)**.

Evidências anteriores também propuseram que os polimorfismos do gene *VDR* estavam associados à deficiência de vitamina D, bem como a anomalias metabólicas e endócrinas na SOP **(Mahmoudi, 2009; Wehr *et al.*, 2011a)**. Além disso, a patogénese da SOP tem sido associada aos efeitos dos polimorfismos (TaqI, BsmI, FokI, ApaI e Cdx2) dos VDRs nos níveis de LH e SHBG **(Ranjzad *et al.*, 2011)**, nos níveis de testosterona **(Wehr *et al.*, 2011a)**, nos níveis séricos de insulina e na IR em mulheres com SOP **(Mahmoudi, 2009; Wehr *et al.*, 2011a; Al-Daghri *et al.*, 2014)**.

Evidências recentes indicam que as anomalias nos níveis de vitamina D e/ou nas vias de sinalização mediadas pelo VDR podem desempenhar um papel no desenvolvimento de doenças ginecológicas, como a SOP **(Colonese *et al.*, 2015; Reis *et al.*, 2017)**, a endometriose e o cancro do ovário **(Colonese *et al.*, 2015)**.

A noção de que a vitamina D ativa e o seu recetor estão incluídos nos distúrbios metabólicos e endócrinos observados na SOP é apoiada pelo facto de o VDR regular mais de 3% do genoma humano, envolvendo genes que são críticos para o metabolismo da glicose **(Pittas *et al*,**

2007). Mais precisamente, os VDRs encontram-se em 2776 posições genómicas e modulam a expressão de 229 genes em vários tecidos, incluindo músculo esquelético, cérebro, mama, pâncreas, glândulas paratiróides, células imunitárias, células cardíacas, ovários **(Ramagopalan *et al.*, 2010)**, glândula pituitária **(Perez-Fernandez *et al.*, 1997)**, bem como no endométrio humano **(Agic *et al.*, 2007)**. Assim, a vitamina D afecta uma vasta gama de processos fisiológicos (**Lerchbaum e Obermayer-Pietsch, 2012**).

Além disso, as variantes do gene *VDR* podem estar associadas ao hirsutismo, o que foi esclarecido pela presença de VDRs no ovário **(Ramagopalan *et al.*, 2010)**. Deste modo, desempenham um papel na regulação da expressão do gene da aromatase **(Kinuta *et al.*, 2000)**. Além disso, a presença de VDRs nos núcleos dos queratinócitos da bainha externa da raiz. Assim, contribuem para o ciclo do folículo piloso **(Bikle., 2012)**.

Os resultados deste estudo mostraram níveis séricos de 25-hidroxi vitamina D3 significativamente mais baixos e rácio LH e LH/FSH mais elevado em indivíduos com genótipo GG do que noutros com genótipo AA e GA. Além disso, os resultados mostraram que o rácio de probabilidades para o *alelo G* do polimorfismo Cdx2 foi de 1,45 (IC95% = 0,78-2,69) e para os portadores GG foi de 1,93 (IC95% = 0,83 - 4,48), o que indica um risco de doença quase duas vezes maior nos portadores GG do que nos portadores AA e GA. Estes resultados estão de acordo com estudos anteriores **(Arai *et al.*, 2001; Iqbal *et al.*, 2015)** que identificaram que *o alelo G* do polimorfismo Cdx2 é responsável pela diminuição da atividade transcricional do gene *VDR*. Assim, a menor atividade transcricional do VDR altera várias funções geridas pela vitamina D ativa **(Iqbal *et al.*, 2015)**.

Além disso, os resultados do presente estudo revelaram níveis mais baixos de glicose sérica em jejum, insulina e HOMA-IR em casos de SOP com genótipo Cdx2-AA do que outros com genótipo GG ou GA, à semelhança de outro estudo **(Wehr *et al.*, 2011a)**. Este facto pode ser esclarecido por um estudo anterior que supôs que os portadores do alelo Cdx2-A têm uma maior absorção intestinal de cálcio devido ao aumento da expressão da proteína do canal de cálcio intestinal **(Van Cromphaut *et al.*, 2001)**. O cálcio tem um papel importante na regulação da secreção de insulina pelas células beta pancreáticas. Assim, o polimorfismo do gene *VDR* pode afetar as células beta do pâncreas **(Wehr *et al.*, 2011a)**.

Um estudo recente realizado por Reis *et al.* sugeriu que o polimorfismo Cdx2 é a variante com provável ligação à suscetibilidade e à gravidade desta síndrome, envolvendo maior IR, insulina em jejum, níveis de testosterona, IMC, níveis mais baixos de vitamina D, e apresenta valores de odds ratio mais significativos quando se compara o grupo PCOS com o grupo de controlo. Além disso, os níveis séricos de vitamina D têm um maior efeito nas manifestações da SOP em comparação com os polimorfismos do gene *VDR*, uma vez que a deficiência de vitamina D tem um impacto na gravidade da SOP e influencia os parâmetros metabólicos e antropométricos. Além disso, a suplementação de vitamina D teve um papel influente na gestão das caraterísticas da SOP, reforçando a contribuição da deficiência de vitamina D na patogénese desta síndrome **(Reis *et al.*, 2017)**.

Capítulo 5

Conclusões

- Foram observados níveis significativamente mais baixos e uma maior prevalência de deficiência de vitamina D em mulheres com SOP em comparação com os controlos. Além disso, foram encontradas correlações negativas significativas entre os níveis séricos de 25-hidroxi vitamina D3 e os parâmetros do metabolismo da insulina no grupo SOP, sugerindo um papel da vitamina D nas perturbações metabólicas e hormonais encontradas na SOP através do impacto da vitamina D na secreção de insulina.

- Não há diferença significativa na distribuição genotípica do polimorfismo Cdx2 do gene do recetor da vitamina D entre o grupo SOP e o grupo de controlo. Assim, o polimorfismo Cdx2 não está associado à suscetibilidade à SOP. No entanto, o aumento da razão de probabilidades do alelo *G* do polimorfismo Cdx2 em comparação com o *alelo A* sugere que *o alelo G* pode ser responsável pela diminuição da atividade transcricional do gene do recetor da vitamina D que, por sua vez, modifica várias funções geridas pela vitamina D ativa.

- O polimorfismo Cdx2 do gene do recetor da vitamina D está associado à gravidade das caraterísticas clínicas observadas na SOP, mas não ao risco de desenvolvimento da doença, o que significa que as variações genéticas não estão diretamente ligadas ao risco de SOP, mas podem afetar indiretamente o desenvolvimento da doença através da regulação dos níveis de vitamina D e/ou cálcio.

Recomendações

Sugere-se o seguinte para trabalhos futuros:

1. Avaliar a associação entre outros polimorfismos de nucleótido único do gene do recetor da vitamina D, como os polimorfismos Taql, Bsml, Fokl e Apal, e a suscetibilidade à SOP.

2. Estudo de acompanhamento para investigar o impacto da suplementação de vitamina D e/ou cálcio na melhoria metabólica e hormonal em mulheres com SOP.

Referências

Agic, A., Xu, H., Altgassen, C., Noack, F., Wolfler, M.M., Diedrich, K., Friedrich, M., Taylor, R.N. e Hornung, D. (2007). Relative expression of 1,25-dihydroxyvitamin D3 recetor, vitamin D la-hydroxylase, vitamin D 24-hydroxylase, and vitamin D 25-hydroxylase in endometriosis and gynecologic cancers. *Ciências da Reprodução*, 14, 486497.

Ahn, J., Yu, K., Stolzenberg-Solomon, R., Simon, K.C., McCullough, M.L., Gallicchio, L., Jacobs, E.J., Ascherio, A., Helzlsouer, K., Jacobs, K.B., Li, Q., Weinstein, S.J., Purdue, M., Virtamo, J., Horst, R., Wheeler, W., Chanock, S., Hunter, D.J., Hayes, R.B., Kraft, P. e Albanes, D. (2010). Estudo de associação de todo o genoma dos níveis circulantes de vitamina D. *Human Molecular Genetics*, 19(13), 2739-2745.

Al-Daghri, N.M., Al-Attas, O.S., Alkharfy, K.M., Khan, N., Mohammed, A.K., Vinodson, B., Ansari, M.G., Alenad, A. e Alokail, M.S. (2014). Associação de variantes do gene VDR com fatores relacionados à síndrome metabólica, diabetes tipo 2 e deficiência de vitamina D. *Gene*, 542, 129-133.

Alvarez, J.A. e Ashraf, A. (2010). Papel da vitamina D na secreção de insulina e na sensibilidade à insulina para a homeostase da glicose. *Jornal Internacional de Endocrinologia*, 2010, 351385.

Amato, P. e Simpson, J.L. (2004). The genetics of polycystic ovary syndrome (A genética da síndrome dos ovários poliquísticos). *Melhores práticas e investigação: Clinical Obstetrics & Gynaecology*, 18(5), 707-718.

Annamaneni, S., Bindu, C.H., Reddy, K.P. e Vishnupriya, S. (2011). Associação do polimorfismo do códon de início do gene do recetor da vitamina D (Fok-1) com alta miopia. *Oman Journal of Ophthalmology*, 4, 57-62. [PubMed]

Arai, H., Miyamoto, K.I., Yoshida, M., Yamamoto, H., Taketani, Y., Morita, K., Kubota, M., Yoshida, S., Ikeda, M., Watabe, F., Kanemasa, Y. e Takeda, E. (2001). O polimorfismo no elemento de ligação da proteína Cdx-2 do homeodomínio relacionado com o caudal no gene humano do recetor da vitamina D. *Journal of Bone and Mineral Research*, 16(7), 1256-1264.

Aranow, C. (2011). A vitamina D e o sistema imunitário. *Jornal de Medicina Investigativa*, 59(6), 881-886.

Ardabili, H.R., Gargari, B.P. e Farzadi, L. (2012). A suplementação de vitamina D não tem efeito na avaliação da resistência à insulina em mulheres com síndrome dos ovários policísticos e deficiência de vitamina D. *Nutrition Research*, 32(3), 195-201.

Asimi, Z.V. (2014). Avaliação da associação da deficiência de vitamina D com gonadotrofinas e hormonas sexuais em mulheres obesas e não obesas com síndrome dos ovários poliquísticos. *Medicinski glasnik (Zenica)*, 11(1), 170-176.

Aydin, E. e Ozkokeli, M. (2014). Homeostasis Model Assessment of Insulin Resistance has a predictive value for postcoronary artery bypass grafting surgery outcomes? *Revista Brasileira De Cirurgia Cardiovascular*, 29(3), 360-366.

Azziz, R., Carmina, E., Chen, Z., Dunaif, A., Laven, J.S., Legro, R.S., Lizneva, D., Natterson-Horowtiz, B., Teede, H.J. e Yildiz, B.O. (2016). Síndrome do ovário policístico. *Nature*

Reviews Disease Primers, 2, 16057.

Azziz, R., Carmina, E., De Wailly, D., Diamanti-Kandarakis, E., Escobar-Morreale, H.F., Futterweit, W., Janssen, O.E., Legro, R.S., Norman, R.J., Taylor, A.E. e Witchel, S.F. (2006). Position statement: criteria for defining polycystic ovary syndrome as a predominantly hyperandrogenic syndrome: an Androgen Excess Society guideline. *Journal of Clinical Endocrinology and Metabolism*, 91, 4237-4245. [PubMed]

Azziz, R., Woods, K.S., Reyna, R., Key, T.J., Knochenhauer, E.S. e Yildiz, B.O. (2004). A prevalência e as caraterísticas da síndrome dos ovários poliquísticos numa população não selecionada. *The Journal of Clinical Endocrinology and Metabolism*, 89(6), 2745-2749. [PubMed]

Badawy, A. e Elnashar, A. (2011). Opções de tratamento para a síndrome dos ovários poliquísticos. *Revista Internacional de Saúde da Mulher*, 3, 25-35.

Baeke, F., Takiishi, T., Korf, H., Gysemans, C. e Mathieu, C. (2010). Vitamina D: modulador do sistema imunitário. *Opinião Atual em Farmacologia*, 10(4), 482-496.

Baker, A.R., McDonnell, D.P., Hughes, M., Crisp, T.M., Mangelsdorf, D.J., Haussler, M.R., Pike, J.W., Shine, J. e O'Malley, B.W. (1988).

Clonagem da expressão do cDNA de comprimento total que codifica o recetor de vitamina D humano. *Actas da Academia Nacional de Ciências dos Estados Unidos da América*, 85, 3294-3298.

Baldani, D.P., Skrgatic, L. e Ougouag, R. (2015). Síndrome dos Ovários Policísticos: Importante Fator de Risco Cardiometabólico Sub-reconhecido em Mulheres em Idade Reprodutiva. *Revista Internacional de Endocrinologia*, 2015, 786362. [PubMed]

Barrera, D., Avila, E., Hernandez, G., Halhali, A., Biruete, B., Larrea, F. e DEaz, L. (2007). A síntese de estradiol e progesterona na placenta humana é estimulada pelo calcitriol. *Journal of Steroid Biochemistry and Molecular Biology*, 103, 529-532.

Barrera, D., Avila, E., Hernandez, G., Mendez, I., Gonzalez, L., Halhali, A., Larrea, F., Morales, A. e *Di'az*, L. (2008). Calcitriol afecta a transcrição do gene hCG em cultura de sinciciotrofoblastos humanos. *Biologia Reprodutiva e Endocrinologia*, 6, 3.

Barry, J.A., Azizia, M.M. e Hardiman, P.J. (2014). Risco de cancro do endométrio, ovário e mama em mulheres com síndrome dos ovários poliquísticos: uma revisão sistemática e meta-análise. *Human Reproduction Update*, 20(5), 748-758.

Bates, G.W. e Legro, R.S. (2013). Gestão a longo prazo da Síndrome do Ovário Policístico (SOP). *Endocrinologia Molecular e Celular*, 373 (1-2), 91-97. [PubMed]

Bikle, D. (2009). Non classic actions of vitamin D. *Journal of Clinical Endocrinology and*

Metabolism, 94, 26-34.

Bikle, D.D. (2012). A vitamina D e a pele: Physiology and pathophysiology. *Revisões em Distúrbios Endócrinos e Metabólicos*, 13(1), 3-19.

Bikle, D.D. (2014). Metabolismo da vitamina D, mecanismo de ação e aplicações clínicas. *Chemical biology*, 21(3), 319-329.

Boomsma, C.M., Fauser, B.C. e Macklon, N.S. (2008). Complicações da gravidez em mulheres com síndrome dos ovários poliquísticos. *Seminários em Medicina Reprodutiva*, 26(1), 72-84.

Bostanci, E.I., Ozler, S., Yilmaz, N.K. e Yesilyurt, H. (2017). Níveis séricos de 25-hidroxi vitamina D em adolescentes turcas com síndrome do ovário policístico e a correlação com parâmetros clínicos / bioquímicos. *Jornal de Ginecologia Pediátrica e Adolescente*, 4 de agosto, 1-4.

Braegger, C., Campoy, C., Colomb, V., Decsi, T., Domellof, M., Fewtrell, M., Hojsak, I., Mihatsch, W., Molgaard, C., Shamir, R., Turck, D., van Goudoever, J. e em nome do Comité de Nutrição da ESPGHAN (2013). Vitamin D in the Healthy European Paediatric Population (Vitamina D na população pediátrica europeia saudável). *Journal of Pediatric Gastroenterology and Nutrition*, 56(6), 692-701.

Broer, S.L., Broekmans, F.J., Laven, J.S. e Fauser, B.C. (2014). Hormona anti-mulleriana: teste de reserva ovariana e suas potenciais implicações clínicas. *Atualização da Reprodução Humana*, 20, 688-701.

Cistulli, P.A., Grunstein, R.R. e Sullivan, C.E. (1994). Effect of testosterone administration on upper airway collapsibility during sleep (Efeito da administração de testosterona na colapsabilidade das vias aéreas superiores durante o sono). *American Journal of Respiratory and Critical Care Medicine*, 149, 530532. [PubMed]

Colonese, F., Lagana, A.S., Colonese, E., Sofo, V., Salmeri, F.M., Granese, R. e Triolo, O. (2015). Os efeitos pleiotrópicos da vitamina D em doenças ginecológicas e obstétricas: Uma visão geral sobre um tópico quente. *Bio Med Research International*, 2015, 11.

Cutolo, M., Sulli, A. e Straub, R.H. (2012). Metabolismo do estrogénio e autoimunidade. *Autoimmunity reviews*, 11(6), 460-464.

Dasgupta, S. e Reddy B.M. (2008). Present status of understanding on the genetic etiology of polycystic ovary syndrome. *Journal of Postgraduate Medicine*, 54(2), 115-125.

Dasgupta, S., Dutta, J., Annameneni, S., Kudugunti, N. e Mohan Reddy, B. (2015). Associação de polimorfismos do gene do recetor de vitamina D com síndrome dos ovários policísticos entre mulheres indianas. *Jornal Indiano de Investigação Médica*, 142(3), 276-

285.

Dawodu, A., Agarwal, M., Hossain, M., Kochiyil, J. e Zayed, R. (2003). Hypovitaminosis D and vitamin D deficiency in exclusively breast-feeding infants and their mothers in summer: a justification for vitamin D supplementation of breast-feeding infants. *Journal of Pediatrics*, 142(2), 169-173.

De Felici, M., Dolci, S. e Siracusa, G. (1991). Um aumento do Ca2+ livre intracelular é essencial para o recomeço espontâneo da meiose em oócitos de rato. *Journal of Experimental Zoology*, 260, 401-405.

de Groot, P.C., Dekkers, O.M., Romijn, J.A., Dieben, S.W. e Helmerhorst, F.M. (2011). SOP, doença cardíaca coronária, acidente vascular cerebral e a influência da obesidade: uma revisão sistemática e meta-análise. *Human Reproduction Update*, 17(4), 495-500.

De Leo, V., Musacchio, M.C., Cappelli, V., Massaro, M.G., Morgante, G. e Petraglia, F. (2016). Aspectos genéticos, hormonais e metabólicos da SOP: uma atualização. *Biologia Reprodutiva e Endocrinologia*, 14(1), 38. [PubMed]

de Wilde, M.A., Veltman-Verhulst, S.M., Goverde, A.J., Lambalk, C.B., Laven, J.S., Franx, A., Koster, M.P., Eijkemans, M.J. e Fauser, B.C. (2014). Preditores pré-conceção de diabetes gestacional: um estudo de coorte prospetivo multicêntrico sobre a complicação predominante da gravidez na síndrome dos ovários policísticos. *Human Reproduction*, 29(6), 1327-1336.

Di Rosa, M., Malaguarnera, M., Nicoletti, F. e Malaguarnera, L. (2011). Vitamina D3: um imuno-modulador útil. *Immunology*, 134(2), 123-139.

Diamanti-Kandarakis, E. e Dunaif, A. (2012). Resistência à insulina e a síndrome do ovário policístico revisitada: Uma atualização sobre mecanismos e implicações. *Endocrine Reviews*, 33(6), 981-1030.

Diamanti-Kandarakis, E., Papavassiliou, A.G., Kandarakis, S.A. e Chrousos, G.P. (2007). Fisiopatologia e tipos de dislipidemia na SOP. *Tendências em Endocrinologia e Metabolismo*, 18, 280-285.

Divya, M., Pushpa, N., Meena, B.S., Sudha, S., Iqbal, R., Nidhi, G. e Mukesh, S. (2017). Tireoidite autoimune em casos de síndrome do ovário policístico. *Revista acadêmica de ciências médicas aplicadas*, 5, 11051108.

Du, H., Daftary, G.S., Lalwani, S.I. e Taylor, H.S. (2005). Regulação direta de HOXA10 por ,25-(OH)2D3 em células mielomonocíticas humanas e células estromais endometriais humanas. *Molecular Endocrinology*, 19, 2222-2233.

Dunaif, A. e Fauser, B.C. (2013). Renomeando PCOS - uma solução de dois estados. *Jornal de Endocrinologia Clínica e Metabolismo*, 98(11), 4325-4328.

Dusso, A.S., Brown, A.J. e Slatopolsky, E. (2005). Vitamin D. *American Journal of Physiology-Renal Physiology*, 289, 8-28.

Eggers, S. e Kirchengast, S. (2001). A síndrome dos ovários poliquísticos - uma condição médica mas também um problema psicossocial importante. *Collegium Antropologicum*, 25, 673-685.

Eisman, J.A. (1999). Genetics of osteoporosis. *Endocrine Reviews*, 20, 788-804.

El-Shal, A.S., Shalaby, S.M., Aly, N.M., Rashad, N.M. e Abdelaziz, A.M. (2013). Variação genética no gene do recetor de vitamina D e níveis séricos de vitamina D em mulheres egípcias com síndrome dos ovários policísticos. *Molecular Biology Reports*, 40(11), 6063-6073.

Essah, P.A. e Nestler, J.E. (2006). Resistência à Insulina e Hiperinsulinismo na Síndrome dos Ovários Policísticos. *In:* R. Azziz, J.E. Nestler e D. Dewailly, eds. Contemporary Endocrinology: Androgen Excess Disorders in Women: Polycystic Ovary Syndrome and Other Disorders (Síndrome dos Ovários Policísticos e Outros Distúrbios). 2nd ed. Humana Press Inc., Totowa, NJ, 273-281.

Essah, P.A., Cheang, K.I. e Nestler, J.E. (2004). The Pathophysiology of Miscarriage in Women with Polycystic Ovary Syndrome. Review and Proposed Hypothesis of Mechanisms Involved. *Hormone*, 3(4), 221-227.

Fang, Y., van Meurs, J.B., Bergink, A.P., Hofman, A., van Duijn, C.M., van Leeuwen, J.P., Pols, H.A. e Uitterlinden, A.G. (2003). O polimorfismo Cdx-2 na região promotora do gene humano do recetor da vitamina D determina a suscetibilidade à fratura nos idosos. *Journal of Bone and Mineral Research*, 18(9), 1632-1641.

Fang, Y., van Meurs, J.B., d'Alesio, A., Jhamai, M., Zhao, H., Rivadeneira, F., Hofman, A., van Leeuwen, J.P., Jehan, F., Pols, H.A. e Uitterlinden, A.G. (2005). Os haplótipos do promotor e da região 3'-untranslated no gene do recetor da vitamina D predispõem à fratura osteoporótica: o estudo de Roterdão. *American Journal of Human Genetics, 77(5),* 807-823.

Feldman, D., Pike, S.W. e Glorieux, F.H., eds. (2005). Vitamin D. 2nd ed. Elsevier, Academic Press.

Firouzabadi, Rd., Aflatoonian, A., Modarresi, S., Sekhavat, L. e Mohammad Taheri, S. (2012). Efeitos terapêuticos da suplementação de cálcio e vitamina D em mulheres com SOP. *Terapias Complementares na Prática Clínica*, 18(2), 85-88.

Frota, J.C. (2004). Acções rápidas e iniciadas na membrana da 1,25 dihidroxivitamina D: o que são e o que significam? *Journal of Nutrition*, 134(12), 3215-3218.

Foroozanfard, F., Jamilian, M., Bahmani, F., Talaee, R., Talaee, N., Hashemi, T., Nasri, K., Asemi, Z. e Esmaillzadeh, A. (2015). A suplementação de cálcio e vitamina D influencia os biomarcadores de inflamação e estresse oxidativo em mulheres com excesso de peso e deficiência de vitamina D com síndrome dos ovários policísticos: um ensaio clínico randomizado, duplo-cego e controlado por placebo. *Clinical Endocrinology (Oxford)*, 83(6), 888-894.

Franks, S. e McCarthy, M. (2004). Genetics of ovarian disorders: polycystic ovary syndrome. *Reviews in Endocrine & Metabolic Disorders*, 5, 69-76.

Fritz, M. e Speroff, L. (2011). Ginecologia clínica endocrinologia e infertilidade. 8th ed. PhiladelphiaL: Lippincott Williams & Wilkins, 1305-1313.

Fu, G.K., Lin, D., Zhang, M.Y., Bikle, D.D., Shackleton, C.H., Miller, W.L. e Portale, A.A. (1997). Clonagem da 25-hidroxivitamina D-1 alfa-hidroxilase humana e mutações que causam raquitismo dependente de vitamina D tipo 1. *Molecular Endocrinology*, 11(13), 1961-1970.

Fuhrman, B.J., Freedman, D.M., Bhatti, P., Doody, M.M., Fu, Y.P., Chang, S.C., Linet, M.S. e Sigurdson, A.J. (2013). Luz solar, polimorfismos de genes relacionados com a vitamina D e risco de cancro da mama. *Anticancer Research*, 33, 543-551.

Gambineri, A., Pelusi, C., Vicennati, V., Pagotto, U. e Pasquali, R. (2002). Obesity and the polycystic ovary syndrome. *International journal of obesity*, 26 (7), 883-896.

Gedik, O. e Zileli, M.S. (1977). Effects of hypocalcemia and theophylline on glucosetolerance and insulin release in human beings. *Diabetes*, 26, 813-819.

Gomez Alonso, C., Naves Diaz, M.L., Diaz-Corte, C., Fernandez Martin, J.L. e Cannata Andia, J.B. (1998). Polimorfismos do gene do recetor da vitamina D (VDR): efeito na massa óssea, perda óssea e regulação da hormona paratiroide. *Nephrology Dialysis Transplantation*, 13, 73-77.

Gonzalez, F., Rote, N.S., Minium, J. e Kirwan, J.P. (2006). Reactive oxygen species-induced oxidative stress in the development of insulin resistance and hyperandrogenism in polycystic ovary syndrome. *Journal of Clinical Endocrinology and Metabolism*, 91(1), 336-340.

Goswami, R., Gupta, N., Goswami, D., Marwaha, R.K., Tandon, N. e Kochupillai, N. (2000). Prevalence and significance of low 25- hydrxyvitamin D concenterations in healthy subjects in Delhi. *American Journal of Clinical Nutrition*, 72(2), 472-475.

Greg, M. (2011). *In:* E.C. Lin, ed. Imaging in Polycystic Ovary Disease. eMedicine. Obtido em 19 de novembro de 2011.

Guducu, N., Gormiis. U., Kutay, S.S., Kavak, Z.N. e Dunder, I. (2014). Os níveis de 25-hidroxivitamina D estão relacionados à hiperinsulinemia na síndrome dos ovários policísticos. *Gynecological Endocrinology*, 30(8), 557-560.

Gupta, T., Rawat, M., Gupta, N. e Arora, S. (2017). Estudo do Efeito da Suplementação de Vitamina D no Perfil Clínico, Hormonal e Metabólico das Mulheres com SOP. *Journal of Obstetrics and Gynecology of India*, 67(5), 349-355.

Hahn, S., Haselhorst, U., Tan, S., Quadbeck, B., Schmidt, M., Roesler, S., Kimmig, R., Mann, K. e Janssen, O.E. (2006). Low serum 25- hydroxyvitamin D concentrations are associated with insulin resistance and obesity in women with polycystic ovary syndrome. *Experimental and Clinical Endocrinology & Diabetes*, 114(10), 577-583.

Haidari, F., Zakerkish, M., Karandish, M., Saki, A. e Pooraziz, S. (2016). Associação entre o nível sérico de vitamina D e marcadores glicêmicos e inflamatórios em pacientes não obesos com diabetes tipo 2. *Jornal Iraniano de Ciências Médicas*, 41(5), 367-373.

He, C., Lin, Z., Robb, S.W., e Ezeamama, A.E. (2015). Níveis séricos de vitamina D e síndrome do ovário policístico: Uma Revisão Sistemática e Meta-Análise. *Nutrientes*, 7(6), 4555-4577.

Heaney, R.P. (2012). Vitamina D - estado de referência e dose efectiva. *New England Journal of Medicine*, 367(1), 77-78.

Hii, C.S. e Ferrante, A. (2016). A ação não genómica da vitamina D. *Nutrientes*, 8(135), 1-14.

Hoeger, K.M. (2014). Origens do desenvolvimento e destino futuro na SOP. *Seminários em Medicina Reprodutiva*, 32(3), 157-158.

Holick, M.F. (2006). High prevalence of vitamin D inadequacy and implications for health. *Mayo Clinic Proceedings*, 81(3), 353-373.

Huang, A., Brennan, K. e Azziz, R. (2010). Prevalência de hiperandrogenemia na síndrome dos ovários policísticos diagnosticada pelos critérios dos institutos nacionais de saúde de 1990. *Fertility and Sterility*, 93, 19381941.

Huhtakangas, J.A., Olivera, C.J., Bishop, J.E., Zanello, L.P. e Norman, A.W. (2004). The vitamin D recetor is present in caveolae-enriched plasma membranes and binds 1 alpha,25(OH)2-vitamin D3 in vivo and in vitro. *Molecular Endocrinology*, 18(11), 2660-2671.

Hunter, M.H. e Sterrett, J.J. (2000). Polycystic Ovary Syndrome: It's Not Just Infertility (Síndrome dos Ovários Policísticos: Não se trata apenas de infertilidade). *American Family Physician*, 62(5), 1079-1088.

Hutchinson, K., Kerley, C.P., Faul, J., Greally, P., Coghlan, D., Louw, M., Elnazir, B. e Rochev, Y. (2018).Vitamin D recetor variants and uncontrolled asthma. *Anais Europeus de Alergia e Imunologia Clínica*, 50(3), 108-116.

Iqbal, Mu., Khan. T.A. e Maqbool, S.A. (2015). Polimorfismo do recetor de vitamina D Cdx-2 e risco de câncer de mama na pré-menopausa em pacientes do sul do Paquistão. *PLOS ONE*, 10(3), 1-12.

Irani, M. e Merhi, Z. (2014). Papel da vitamina D na fisiologia ovariana e sua implicação na reprodução: uma revisão sistemática. *Fertility Sterility*, 102, 460-468.

Irani, M., Minkoff, H., Seifer, D.B. e Merhi, Z. (2014). A vitamina D aumenta os níveis séricos do recetor solúvel para produtos finais de glicação avançada em mulheres com SOP. *Jornal de Endocrinologia Clínica e Metabolismo,* 99, 886-890.

James, W.P.T. (1996). A epidemiologia da obesidade. *In:* D.J. Chadwick e G.C. Cardew, eds. The origins and consequences of obesity. Chichester, Wiley, 1-16.

Jeffery, L.E., Wood, A.M., Qureshi, O.S., Hou, T.Z., Gardner, D., Briggs, Z., Kaur, S., Raza, K. e Sansom, D.M. (2012). A disponibilidade de 25- hidroxivitamina D3 para APCs controla o equilíbrio entre as respostas das células T reguladoras e inflamatórias. *Journal of Immunology*, 189(11), 51555164.

Jehan, F., d'Alesio, A. e Garabedian, M. (2007). Exões e regiões funcionais do gene do recetor de vitamina D humano em torno e dentro do promotor principal 1a são bem conservados entre os mamíferos. *Journal of Steroid Biochemistry and Molecular Biology*, 103, 361-367.

Joham, A.E., Teede, H.J., Cassar, S., Stepto, N.K., Strauss, B.J., Harrison, C.L., Boyle, J. e de Courten, B. (2016). Vitamina D na síndrome dos ovários policísticos: relação com obesidade e resistência à insulina. *Nutrição Molecular e Pesquisa Alimentar*, 60, 110-118. [PubMed]

Joshi, B., Mukherjee, S., Patil, A., Purandare, A., Chauhan, S. e Vaidya, R. (2014). Um estudo transversal da síndrome do ovário policístico entre adolescentes e jovens raparigas em Mumbai, Índia. *Indian Journal of Endocrinology and Metabolism,* 18(3), 317-324.

Kachhawa, G. e Singh, A. (2017). Complicações a longo prazo da síndrome dos ovários poliquísticos. *Jornal Global de Medicina Reprodutiva*, 2(1), 1-3.

Kahsar-Miller, M. e Azziz, R. (1998). O desenvolvimento da síndrome dos ovários poliquísticos: A história familiar como fator de risco. *Tendências em Endocrinologia e Metabolismo*, 9, 55-58.

Kalea, A.Z., Schmidt, A.M. e Hudson, B.I. (2009). RAGE: um novo marcador biológico e genético para a doença vascular. *Clinical Science (Londres)*, 116, 621-637.

Kamel, M.M., Fouad, S.A., Salaheldin, O., El-Razek, Ael-R. e El- Fatah, A.I. (2014). Impacto dos polimorfismos do gene do recetor da vitamina D na patogénese da diabetes mellitus tipo 1. *Revista Internacional de Medicina Clínica e Experimental*, 7(12), 5505-5510. [Pub Med]

Karadag, A.S., You, Y., Danarti, R., Al-Khuzaei, S. e Chen, W. (2018). Acantose nigricans e a síndrome metabólica. *Clínicas em Dermatologia*, 36, 48-53.

Katulski, K., Czyzyk, A., Podfigurna-Stopa, A., Genazzani, A. R. e Meczekalski, B. (2015). Complicações da gravidez em pacientes com síndrome dos ovários policísticos. *Gynecological Endocrinology*, 31(2), 87-91.

Kazemi, A., Sharifi, F., Jafari, N. e Mousavinasab, N. (2009). Elevada prevalência de deficiência de vitamina D entre as mulheres grávidas e os seus recém-nascidos numa população iraniana. *Journal of Women's Health (Larchmt)*, 18(6), 835-839.

Keshavarz, M.A., Moradi, S., Emami, Z. e Rohani, F. (2017). Associação entre a vitamina D sérica 25 (OH) e distúrbios metabólicos na síndrome dos ovários policísticos. *Jornal Holandês de Medicina*, 75(5), 190-195.

Khan, K.A., Akram, J. e Fazal, M. (2011). Hormonal actions of vitamin D and its role beyond just being a vitamin: A review article. *Revista Internacional de Ciências Médicas*, 3(3), 65-72.

Kim. J.J., Choi, Y.M., Chae, S.J., Hwang, K.R., Yoon, S.H., Kim, M.J., Kim, S.M., Ku, S.Y., Kim, S.H. e Kim, J.G. (2014). Deficiência de vitamina D em mulheres com síndrome dos ovários policísticos. *Medicina Reprodutiva Clínica e Experimental*, 41(2), 80-85.

Kinuta, K., Tanaka, H., Moriwake, T., Aya, K., Kato, S. e Seino, Y. (2000). A vitamina D é um fator importante na biossíntese de estrogénio das gónadas femininas e masculinas. *Endocrinology*, 141, 1317-1324.

Kollmann, M., Klaritsch, P., Martins, W. P., Guenther, F., Schneider, V., Herzog, S. A. e RaineFenning, N. (2015). Desfechos maternos e neonatais em gestantes com SOP: Comparação de diferentes definições de diagnóstico. *Reprodução Humana*, 30(10), 2396-2403.

Koshiyama, H., Sone, T. e Nakao, K. (1995). Polimorfismo do gene do recetor da vitamina D e perda óssea. *Lancet*, 345, 990-991.

Kostner, K., Denzer, N., Muller, C.S., Klein, R. e Tilgen, W. (2009). The relevance of vitamin D recetor (*VDR*) gene polymorphisms for cancer: a review of the literature. *Anticancer Research*, 29, 3511-3536. [PubMed]

Kozakowski, J., Kapuscinska, R. e Zgliczynski, W. (2014). Associações da concentração de vitamina D com índices metabólicos e hormonais em mulheres com síndrome dos ovários poliquísticos que apresentam obesidade abdominal e ginóide. *Ginekologia Polska*, 85(10), 765-70.

Kumar, A., Barki, S., Raghav, V., Chaturvedi, A. e Kumar K.V.S.H. (2017). Correlação da vitamina D com parâmetros metabólicos na síndrome do ovário policístico. *Jornal de Medicina Familiar e Cuidados Primários*, 6(1), 115-119.

Kumar, A.N., Naidu, J.N., Satyanarayana, U., Anitha, M. e Ramalingam, K. (2015). Associação de resistência à insulina e soro 25- OH vitamina D em mulheres indianas com síndrome do ovário policístico. *International Journal of Clinical Biochemistry and Research*, 2(1), 22-26.

Lam, P.M. e Raine-Fenning, N. (2006). O papel da ultrassonografia tridimensional na síndrome dos ovários policísticos. *Human Reproduction*, 21(9): 2209-2215.

Lane, D.E. (2006). Síndrome dos ovários poliquísticos e seu diagnóstico diferencial. *Obstetrical & Gynecological Survey*, 61, 125-135.

Lath, R., Shendye, R e Jibhkate, A. (2015). Resistência à insulina e perfil lipídico na síndrome dos ovários policísticos. *Asian Journal of Biomedical and Pharmaceutical Sciences*, 5(47), 30-35.

Lazurova, I., Figurova, J. e Dravecka, I. (2016). Vitamina D e Síndrome do Ovário Policístico. *Vnitrni Lekarstvi*, 62, 87-91.

Legro, R.S., Driscoll, D., Strauss 3rd , J.F., Fox, J. e Dunaif, A. (1998). Evidence for a genetic basis for hyperandrogenemia in polycystic ovary syndrome. *Actas da Academia Nacional de Ciências dos Estados Unidos da América*, 95, 14956-14960.

Legro, R.S., Kunselman, A.R., Brzyski, R.G., Casson, P.R., Diamond, M.P., Schlaff, W.D., Christman, G.M., Coutifaris, C., Taylor, H.S., Eisenberg, E., Santoro, N., Zhang, H. e para a Rede de Medicina Reprodutiva do NICHD (2012). O ensaio da Gravidez na Síndrome dos Ovários Policísticos II (PPCOS II): Rationale and design of a Double-Blind Randomized Trial of Clomiphene Citrate and Letrozole for the Treatment of Infertility in Women with Polycystic Ovary Syndrome (Fundamentação e conceção de um ensaio aleatório em dupla ocultação de citrato de clomifeno e letrozol para o tratamento da infertilidade em mulheres com síndrome dos ovários policísticos). *Contemporary Clinical Trials*, 33(3), 470-481.

Legro, R.S. e Strauss, J.F. (2002). Molecular progress in infertility: polycystic ovary syndrome. *Fertility and Sterility*, 78(3), 569-576.

Lerchbaum, E. e Obermayer-Pietsch, B. (2012). Vitamina D e fertilidade: uma revisão sistemática. *Jornal Europeu de Endocrinologia*, 166(5), 765-778.

Li, H.W., Brereton, R.E., Anderson, R.A., Wallace, A.M. e Ho, C.K. (2011). A deficiência de vitamina D é comum e está associada a factores de risco metabólicos em pacientes com síndrome dos ovários poliquísticos. *Metabolism*, 60(10), 1475-1481.

Li, Z.G., Danis, V.A. e Brooks, P.M. (1993). Effect of gonadal steroids on the production of IL-1 and IL-6 by blood mononuclear cells in vitro. *Clinical and Experimental Rheumatology*, 11(2), 157-162.

Lim, D.C., Chen, W., Cheng, L.N., Xue, C.C., Wong, F.W., O'Sullivan, A.J e Liu, J.P. (2011). Acupunctura para a síndrome do ovário poliquístico. *Base de Dados Cochrane de Revisões Sistemáticas*, (8), CD007689.

Lin, M-W. e Wu, M-H. (2015). O papel da vitamina D na síndrome dos ovários policísticos. *Indian Journal of Medical Research*, 142(3), 238-240.

Lips, P. (2012). Interação entre a vitamina D e o cálcio. *Scandinavian Journal of Clinical & Laboratory Investigation*, 72, 60-64.

Liu, E., Meigs, J.B., Pittas, A.G., McKeown, N.M., Economos, C.D., Booth, S.L. e Jacques, P.F. (2009). Plasma 25-hydroxyvitamin D is associated with markers of the insulin resistant phenotype in nondiabetic adults. *Journal of Nutrition*, 139, 329-334.

Lobo, R.A., Gysler, M., March, C.M., Goebelsmann, U. e Mishell, D.R Jr. (1982). Preditores clínicos e laboratoriais da resposta ao clomifeno. *Fertility and Sterility*, 37, 168-174.

Lord, J.M., Flight, I.H. e Norman, R.J. (2003). Metformina na síndrome dos ovários poliquísticos: revisão sistemática e meta-análise. *British Medical Journal*, 327 (7421), 951-953.

Macut, D., Bozic-Antic, I., Bjekic-Macut, J. e Tziomalos, K. (2017). GESTÃO DA DOENÇA ENDÓCRINA: Síndrome dos ovários poliquísticos e doença hepática gorda não alcoólica. *Jornal Europeu de Endocrinologia,* 177(3), 145-158.

Maestro, B., Da 'vila, N., Carranza, M.C. e Calle, C. (2003). Identificação de um elemento de resposta à vitamina D no promotor do gene do recetor de insulina humano. *Journal of Steroid Biochemistry and Molecular Biology*, 84, 223-230.

Maestro, B., Molero, S., Bajo, S., Davila, N. e Calle, C. (2002). Transcriptional activation of the human insulin recetor gene by 1,25- dihydroxyvitamin D(3). *Cell Biochemistry and Function,* 20, 227-232.

Mahmoudi, T. (2009). Genetic variation in the vitamin D recetor and polycystic ovary syndrome risk (Variação genética no recetor da vitamina D e risco de síndrome dos ovários poliquísticos). *Fertility and Sterility*, 92, 1381-1383. [PubMed]

Mahto, H., Tripathy, R., Das, B.K. e Panda, A.K. (2018). Associação entre polimorfismos do recetor de vitamina D e lúpus eritematoso sistêmico em uma coorte indiana. *Jornal Internacional de Doenças Reumáticas*, 21 (2), 468-476. [Pub Med]

Malky, A.M.H., Al khudhyr,F.M., Albalawi, M.A., Hafez, M.Y., Almutairi, A.H., aljohani, A.H., Al-Taisan, S.A., alnwehedh , S.H.M., Alghamdi, A.A., Al Braik, R.K., Alzahrani, A.M.A. e Muharraq, Y.J.Y. (2018). A correlação entre a vitamina D e a síndrome do ovário policístico. *The Egyptian Journal of Hospital Medicine*, 70 (7), 11401148.

Malloy, P.J., Pike, J.W. e Feldman, D. (1999). The vitamin D recetor and the syndrome of hereditary 1,25-dihydroxyvitamin D-resistant rickets. *Endocrine Reviews*, 20(2), 156-188.

Marshall, W.J., Bangert, S.K. e Lapsley, M., eds (2012). Clinical Biochemistry. 7th edition. Elsevier, 175.

Marzouk, T.M. e Sayed Ahmed, W.A. (2015). Efeito da perda de peso na dieta sobre a regularidade menstrual em mulheres adultas jovens obesas com síndrome do ovário policístico. *Jornal de Ginecologia Pediátrica e do Adolescente*, 28(6), 457-461.

Mazloomi, S., Sharifi, F., Hajihosseini, R., Kalantari, S. e Mazloomzadeh, S. (2012).

Associação entre hipoadiponectinemia e baixas concentrações séricas de cálcio e vitamina D em mulheres com síndrome do ovário policístico. *Avisos internacionais de investigação académica: Endocrinologia*, 2012, 949427.

Medapati, R.V., Suvvari, S., Godi, S. e Gangisetti, P. (2017). Polimorfismos dos genes NRAMP1 e VDR na suscetibilidade à tuberculose pulmonar entre a população de Andhra Pradesh na Índia: um estudo de caso-controle. *BMC Pulmonary Medicine*, 5, 17(1), 89. [Pub Med]

Melo, A.S., Ferriani, R.A. e Navarro, P.A. (2015). Tratamento da infertilidade em mulheres com síndrome dos ovários policísticos: abordagem da prática clínica. *Clínicas (São Paulo)*, 70(11), 765-769.

Merhi, Z. (2014). Produtos finais de glicação avançada e sua relevância na reprodução feminina. *Reprodução Humana*, 29, 135-145.

Mirza S., Naaz, S.A., e Alim, S.M. (2016). Gestão da Síndrome do Ovário Policístico (Keesa-e-Khusyatur Rehm): Perspetiva Unani. *American Journal of Pharmacy and Health Research*, 4(1), 23-46.

Mishra, S., Das, AK. e Das, S. (2016). Hipovitaminose D e risco cardiometabólico associado em mulheres com SOP. *Jornal de Pesquisa Clínica e Diagnóstica*, 10(5), 1-4.

Moini, A., Shirzad, N., Ahmadzadeh, M., Hosseini, R., Hosseini, L. e Sadatmahalleh, S.J. (2015). Comparação dos níveis de 25-hidroxivitamina D e cálcio entre a síndrome do ovário policístico e mulheres normais. *International Journal of Fertility & Sterility*, 9(1), 1-8.

Moradi, N., Fadaei, R., Ahmadi, R., Mohammad, M.H., Shahmohamadnejad, S., Tavakoli-Yaraki, M., Aghajani, H. e Fallah, S. (2017). Papel dos níveis séricos de MMP-9 e polimorfismos do recetor de vitamina D na suscetibilidade à doença arterial coronariana: Um estudo de associação na população iraniana. *Gene*, 628, 295-300. [Pub Med]

Moran, L.J., Misso, M.L., Wild, R.A. e Norman, R.J. (2010). Tolerância à glicose diminuída, diabetes tipo 2 e síndrome metabólica na síndrome dos ovários policísticos: uma revisão sistemática e meta-análise. *Human Reproduction Update*, 16(4), 347-363.

Morteza, B., Isa, A.R., Nima Hosseini, J. e Fariba, N. (2013). Variante do gene TaqI do recetor de vitamina D no exon 9 e risco de síndrome dos ovários policísticos. *Jornal Internacional de Fertilidade e Esterilidade*, 7, 116121. [PubMed]

Naidu, J.N., Swapna, G.N., Kumar, A.N., Krishnamma, M. e Anitha, M. (2013). Importância da resistência elevada à insulina, dislipidemia e estado das vitaminas antioxidantes na doença dos ovários policísticos. *Radicais Livres e Antioxidantes*, 3(1), 17-19.

Nandi, A., Sinha, N., Ong, E., Sonmez, H. e Poretsky, L. (2016). Existe um papel para a vitamina D na reprodução humana? *Hormone Molecular Biology and Clinical Investigation*, 25(1), 15-28.

Nardo, L.G., Buckett, W.M. e Orio, F Jr. (2007). Ultrassonografia na síndrome dos ovários policísticos: uma atualização. *Jornal de Medicina Reprodutiva*, 52(5), 390-396.

Ng, M., Fleming, T., Robinson, M., Thomson, B., Graetz, N., Margono, C., Mullany, E.C., Biryukov, S., Abbafati, C., Abera, S.F. *et al.* (2014). Prevalência global, regional e nacional de excesso de peso e obesidade em crianças e adultos durante 1980-2013: uma análise sistemática para o Global Burden of Disease Study 2013. *Lancet*, 384, 766-781.

Norman, A.W. (2008). From vitamin D to hormone D: fundamentals of the vitamin D endocrine system essential for good health (Da vitamina D à hormona D: fundamentos do sistema endócrino da vitamina D essenciais para uma boa saúde). *American Journal of Clinical Nutrition*, 88(2), 491-499.

Norman, A.W., Mizwicki, M.T. e Norman, D.P. (2004). Acções rápidas das hormonas esteróides, receptores de membrana e um modelo de conjunto conformacional. *Nature Reviews Drug Discovery*, 3(1), 27-41.

Odunsi, K. e Kidd, K.K. (1999). Um paradigma para encontrar genes para uma caraterística humana complexa: síndrome dos ovários poliquísticos e follistatina. *Actas da Academia Nacional das Ciências dos Estados Unidos da América*, 96(15), 8315-8317.

Okita, K., Iwahashi, H., Kozawa, J., Okauchi, Y., Funahashi, T., Imagawa, A. e Shimomura, I. (2013). Avaliação do modelo de homeostase da resistência à insulina para avaliar a sensibilidade à insulina em pacientes com diabetes tipo 2 em terapia com insulina. *Endocrine Journal*. 60(3), 283-290.

Orio, F., Tafuri, D., Ascione, A., Marciano, F., Savastano, S., Colarieti, G., Orio, M., Colao, A., Palomba, S. e Muscogiuri, G. (2016). Mudanças no estilo de vida no manejo da obesidade na idade adulta e na infância. *Minerva Endocrinologica*, 41(4), 509-515.

Ozkan, S., Jindal, S., Greenseid, K., Shu, J., Zeitlian, G., Hickmon, C. e Pal, L. (2010). As reservas completas de vitamina D predizem o sucesso reprodutivo após a fertilização in vitro. *Fertility and Sterility*, 94, 1314-1319.

Palomba, S., Santagni, S., Falbo, A. e La Sala, G.B. (2015). Complicações e desafios associados à síndrome dos ovários policísticos: perspectivas atuais. *Revista Internacional de Saúde da Mulher*, 7, 745-763.

Pazderska, A. e Gibney, J. (2015). Aspectos metabólicos e lipoproteicos da síndrome do ovário policístico. *Clinical Lipidology*, 10(3), 281-293.

Perez-Fernandez, R., Alonso, M., Segura, C., Munoz, I., Garcia-Caballero, T. e Diguez, C. (1997). Expressão do gene do recetor da vitamina D na glândula pituitária humana. *Ciências da Vida*, 60(1), 35-42.

Pike, J.W. e Meyer, M.B. (2010). O Recetor de Vitamina D: New Paradigms for the

Regulation of Gene Expression by 1,25- Dihydroxy vitamin D_3 . *Endocrinology Metabolism Clinics of North America*, 39(2), 255-269.

Pittas, A.G., Lau, J., Hu, F.B. e Dawson-Hughes, B. (2007). O papel da vitamina D e do cálcio na diabetes tipo 2. Uma revisão sistemática e meta-análise. *Jornal de Endocrinologia Clínica e Metabolismo*, 92, 2017-2029.

Polak, K., Czyzyk, A., Simoncini, T. e Meczekalski, B. (2017). Novos marcadores de resistência à insulina na síndrome dos ovários policísticos. *Journal of Endocrinological Investigation*, 40(1), 1-8.

Ramagopalan, S.V., Heger, A., Berlanga, A.J., Maugeri, N.J., Lincoln, M.R., Burrell, A., Handunnetthi, L., Handel, A.E., Disanto, G., Orton, S.M., Watson, C.T., Morahan, J.M., Giovannoni, G., Ponting, C.P., Ebers, G.C. e Knight, J.C. (2010). Um mapa de todo o genoma definido por chip-seq de ligação ao recetor de vitamina d: Associações com doenças e evolução. *Genome Research*, 20, 1352-1360.

Ranjzad, F., Mahban, A., Shemirani, A.I., Mahmoudi, T., Vahedi, M., Nikzamir, A. e Zali, M.R. (2011). Influência de variantes genéticas relacionadas com a homeostase do cálcio nos parâmetros bioquímicos de mulheres com síndrome dos ovários poliquísticos. *Journal of Assisted Reproduction and Genetics*, 28(3), 225-232. [PubMed]

Rashidi, B., Haghollahi, F., Shariat, M. e Zayerii, F. (2009). Os efeitos do cálcio-vitamina D e da metformina na síndrome dos ovários poliquísticos: um estudo piloto. *Taiwanese Journal of Obstetrics and Gynecology*, 48, 142-147.

Reis, G.V., Gontijo, N.A., Rodrigues, K.F', Alves, M.T-, Ferreira, C.N. e Gomes, K.B. (2017). Polimorfismos do recetor da vitamina D e a síndrome dos ovários policísticos: Uma revisão sistemática. *Journal of Obstetrics and Gynaecology Research*, 43(3), 436-446.

Richardson, M.R. (2003). Perspectivas actuais da Síndrome dos Ovários Policísticos. *American Family Physician*, 68(4), 697-704.

Rochel, N., Wurtz, J.M., Mitschler, A., Klaholz, B. e Moras, D. (2000). A estrutura cristalina do recetor nuclear de vitamina D ligado ao seu ligando natural. *Molecular Cell*, 5(1), 173-179. [PubMed].

Romualdi, D., Di Florio, C., Tagliaferri, V., De Cicco, S., Gagliano, D., Immediata, V., Lanzone, A. e Guido, M. (2016). O papel do hormônio anti-mulleriano na caraterização dos diferentes fenótipos da síndrome do ovário policístico. *Ciências da Reprodução*, 23(5), 655-661.

Grupo de trabalho de consenso sobre SOP patrocinado pela ESHRE/ASRM de Roterdão. Revised 2003 consensus on diagnostic criteria and long-term health risks related to polycystic ovary syndrome (2004). *Fertility and Sterility*, 81, 19-25. [PubMed]

Rutkowska, A. e Rachon, D. (2014). Bisfenol A (BPA) e seu papel potencial na patogênese da síndrome dos ovários policísticos (SOP). *Gynecological Endocrinology*, 30(4), 260-265.

Sathyapalan, T. e Atkin, S.L. (2010). Mediadores da inflamação na síndrome dos ovários policísticos em relação à adiposidade. *Mediators of Inflammation (Mediadores da Inflamação)*, 2010, 1-5.

Scicchitano, P., Dentamaro, I., Carbonara, R., Bulzis, G., Dachille, A., Caputo, P., Riccardi, R., Locorotondo, M., Mandurino, C. e Ciccone, M.M. (2012). Risco cardiovascular em mulheres com SOP. *Jornal Internacional de Endocrinologia e Metabolismo*, 10(4), 611-618.

Sedighi, S., Amir Ali Akbari, S., Afrakhteh, M., Esteki, T., Alavi Majd, H. e Mahmoodi, Z. (2015). Comparação do estilo de vida em mulheres com síndrome dos ovários policísticos e mulheres saudáveis. *Global Journal of Health Science*, 7(1), 228-234.

Selimoglu, H., Duran, C., Kiyici, S., Ersoy, C., Guclu, M., Ozkaya, G., Tuncel, E., Erturk, E. e Imamoglu, S. (2010). O efeito da terapia de substituição da vitamina D na resistência à insulina e nos níveis de androgénio em mulheres com síndrome dos ovários poliquísticos. *Journal of Endocrinological Investigation*, 33(4), 234-238.

Sergeev, I.N. e Rhoten, W.B. (1995). 1,25-Dihydroxyvitamin D3 evoca oscilações de cálcio intracelular numa linha de células beta pancreáticas. *Endocrinology*, 136, 2852-2861. [PubMed]

Seyyed Abootorabi, M., Ayremlou, P., Behroozi-Lak, T. e Nourisaeidlou, S. (2017). O efeito da suplementação de vitamina D na resistência à insulina, gordura visceral e adiponectina em mulheres deficientes em vitamina D com síndrome dos ovários policísticos: um estudo randomizado controlado por placebo. *Endocrinologia Ginecológica*, 22, 1-6.

Shah, D. e Rasool, S. (2016). Síndrome dos ovários poliquísticos e síndrome metabólica: o gémeo preocupante? *Climacteric*, 19(1), 7-16.

Shea, M.K., Benjamin, E.J., Dupuis, J., Massaro, J.M., Jacques, P.F., D'Agostino, R.B.Sr., Ordovas, J.M., O'Donnell, C.J., Dawson-Hughes, B., Vasan, R.S. e Booth, S.L. (2009). Genetic and non-genetic correlates of vitamins K and D. *European Journal of Clinical Nutrition,* 63(4), 458-464.

Sheehan, M.T. (2004). Síndrome do Ovário Policístico: Diagnosis and Management. *Clinical Medicine Research*, 2(1), 13-27.

Sheikhha, M.H., Kalantar, S.M. e Ghasemi, N. (2007). Genetics of polycystic ovary syndrome. *Jornal Iraniano de Medicina Reprodutiva*. 5(1), 1-5.

Shoelson, S.E., Herrero, L. e Naaz, A. (2007). Obesity, inflammation, and insulin resistance (Obesidade, inflamação e resistência à insulina). *Gastroenterology*, 132, 2169-2180.

Singla, R., Gupta1, Y., Khemani, M. e Aggarwal, S. (2015). Distúrbios da tireoide e síndrome dos ovários policísticos: Uma relação emergente. *Indian Journal of Endocrinology and Metabolism*, 19(1), 25-29.

Stephanou, A., Ross, R. e Handwerger, S. (1994). Regulation of human placental lactogen expression by 1, 25-dihydroxyvitamin D3. *Endocrinology*, 135, 2651-2656.

Strauss, J.F. (2003). Some new thoughts on the pathophysiology and genetics of polycystic ovary syndrome. *Annals of the New York Academy of Sciences*, 997, 42-48.

Subashree, I., Valvekar, U.R. e Prasad, G. (2017). Estudo dos níveis séricos de cálcio e vitamina D com perfil hormonal e perfil bioquímico em mulheres com síndrome dos ovários policísticos. *International Journal of Reproduction, Contraception, Obstetrics and Gynecology*, 6(9), 4075-4080.

Sun, L. e Fu, Q. (2007). Ultrassonografia transrectal tridimensional em pacientes adolescentes com síndrome do ovário policístico. *International Journal of Gynecology and Obstetrics*, 98(1), 34-38.

Sur, D. e Chakravorty, R. (2015). A relação entre vitamina D, resistência à insulina e infertilidade em mulheres com SOP. *Obstetrics & Gynecology*, 5, 294.

Tasali, E., Cauter, E.V. e Ehrmann, D.A. (2008). Polycystic Ovary Syndrome and Obstructive Sleep Apnea (Síndrome do Ovário Policístico e Apneia Obstrutiva do Sono). *Sleep Medicine Clinics,* 3(1), 37-46.

Taylor, H.S., Vanden Heuvel, G.B. e Igarashi, P. (1997). A conserved Hox axis in the mouse and human female reproductive system: late establishment and persistent adult expression of the Hoxa cluster genes. *Biology of Reproduction*, 57, 1338-1345.

Teede, H., Deeks, A. e Moran, L. (2010). Síndrome dos ovários poliquísticos: uma condição complexa com manifestações psicológicas, reprodutivas e metabólicas que tem impacto na saúde ao longo da vida. *BMC Medicine*, 8 (1), 41.

Teede, H., Gibson-Helm, M., Norman, R.J. e Boyle, J. (2014). Síndrome dos ovários poliquísticos: percepções e atitudes das mulheres e dos médicos dos cuidados de saúde primários sobre as caraterísticas da SOP e a renomeação da síndrome. *Journal of Clinical Endocrinology and Metabolism*, 99, 107111.

Telwani, A.A., Telewani, Y.A., Bhat, A.A. e Rasheed, K. (2017). O Papel da Vitamina D na Síndrome do Ovário Policístico e sua Desregulação Metabólica: Um estudo de controlo de caso. *Revista Internacional de Investigação Atual*, 9(8), 55912-55915.

Thomson, R.L., Spedding, S. e Buckley, J.D. (2012). Vitamina D na etiologia e tratamento da síndrome dos ovários policísticos. *Clinical endocrinology (Oxford),* 77, 343-350.

Thys-Jacobs, S., Donovan, D., Papadopoulos, A., Sarrel, P. e Bilezikian, J.P. (1999). Vitamin D and calcium dysregulation in the polycystic ovarian syndrome. *Steroids*, 64(6), 430-435.

Trikudanathan, S. (2015). Síndrome do ovário policístico. *Clínicas Médicas da América do Norte*, 99(1), 221-235.

Trivax, B. e Azziz, R. (2007). Diagnosis of polycystic ovary syndrome. *Clinical Obstetrics and Gynecology*, 50(1), 168-177.

Trummer, C., Pilz, S., Schwetz, V., Obermayer-Pietsch, B. e Lerchbaum, E. (2018). Vitamina D, SOP e andrógenos em homens: uma revisão sistemática. *Conexões Endócrinas*, 7, 95-113.

Tuan, R.S., Moore, C.J., Brittingham, J.W., Kirwin, J.J., Akins, R.E. e Wong, M. (1991). In vitro study of placental trophoblast calcium uptake using JEG-3 human choriocarcinoma cells. *Journal of Cell Science*, 98, 333-342.

Uitterlinden, A.G., Fang, Y., Van Meurs, J.B., Pols, H.A. e Van Leeuwen, J.P. (2004). Genetics and biology of vitamin D recetor polymorphisms (Genética e biologia dos polimorfismos do recetor da vitamina D). *Gene*, 338, 143-156.

Van Cromphaut, S.J., Dewerchin, M., Hoenderop, J.G., Stockmans, I., Van Herck, E., Kato, S., Bindels, R.J., Collen, D., Carmeliet, P., Bouillon, R. e Carmeliet, G. (2001). Duodenal calcium absorption in vitamin D recetor-knockout mice: functional and molecular aspects. *Actas da Academia Nacional de Ciências dos Estados Unidos da América*, 98(23), 13324-13329.

Wacker, M. e Holick, M.F. (2013). Vitamina D - Efeitos na saúde esquelética e extra-esquelética e a necessidade de suplementação. *Nutrientes*, 5, 111148. [PubMed]

Wang, T.J., Zhang, F., Richards, J.B., Kestenbaum, B., van Meurs, J.B. *et al.* (2010). Common genetic determinants of vitamin D insufficiency: a genome-wide association study. *Lancet*, 376(9736), 180-188.

Wehr, E., Pieber, T.R. e Obermayer-Pietsch, B. (2011b). Efeito do tratamento com vitamina D3 no metabolismo da glicose e na frequência menstrual em mulheres com síndrome dos ovários policísticos: um estudo piloto. *Journal of Endocrinological Investigation*, Nov. 34(10), 757- 763.

Wehr, E., Trummer, O., Giuliani, A., Gruber, H.J., Pieber, T.R. e Obermayer-Pietsch, B. (2011a). Os polimorfismos associados à vitamina D estão relacionados com a resistência à insulina e a deficiência de vitamina D na síndrome dos ovários poliquísticos. *Jornal Europeu de Endocrinologia*, maio. 164, 741-749. [PubMed]

White, D.P., Schneider, B.K., Santen, R.J., McDermott, M., Pickett, C.K., Zwillich, C.W. e Weil, J.V. (1985). Influence of testosterone on ventilation and chemosensitivity in male subjects (Influência da testosterona na ventilação e na quimiossensibilidade em indivíduos do sexo masculino). *Journal of Applied Physiology*, 59(5), 1452-1457. [PubMed]

OMS (2000). Obesity: preventing and managing the global epidemic (Obesidade: prevenção e gestão da epidemia global). Relatório de uma consulta da OMS. Série de Relatórios Técnicos da OMS 894. Genebra: Organização Mundial de Saúde.

Consulta de peritos da OMS (2004). Índice de massa corporal adequado para as populações asiáticas e suas implicações para as estratégias políticas e de intervenção. *The Lancet,* 157-163.

Wickenheisser, J.K., Nelson-DeGrave, V.L. e McAllister, J.M. (2006). Human ovarian theca cells in culture. *Trends in Endocrinology & Metabolism*, 17(2), 65-71.

Wild, R. (2002). Consequências da SOP para a saúde a longo prazo. *Human Reproduction Update*. 8, 231-241.

Williams, T., Mortada, R. e Porter, S. (2016). Diagnóstico e Tratamento da Síndrome dos Ovários Policísticos. *American Family Physician*, 94(2), 106113.

Wolf, J.E., Shander, D., Huber, F., Jackson, J., Lin, C-S., Mathes, B.M., Schrode, K. e Grupo de Estudo da Eflornitina HCl. (2007). Avaliação clínica aleatória, em dupla ocultação, da eficácia e segurança do creme tópico de eflornitina no tratamento de mulheres com pêlos faciais. *Jornal Internacional de Dermatologia*, 46, 94-98.

Yamamoto, H., Miyamoto, K., Li, B., Taketani, Y., Kitano, M., Inoue, Y., Morita, K., Pike, J.W. e Takeda, E. (1999). A proteína de homeodomínio relacionada com o caudal Cdx-2 regula a expressão do gene do recetor da vitamina D no intestino delgado. *Journal of Bone and Mineral Research*, 14, 240-247.

Yildizhan, R., Kurdoglu, M., Adali, E., Kolusari, A., Yildizhan, B., Sahin, H.G. e Kamaci, M. (2009). Concentrações séricas de 25-hidroxivitamina D em mulheres obesas e não obesas com síndrome dos ovários poliquísticos. *Archives of Gynecology and Obstetrics (Arquivos de Ginecologia e Obstetrícia)*. 280, 559-563.

Yoshihara, A., Kaneko, N., Iwasaki, M., Nohno, K. e Miyazaki, H. (2018). Relação entre o polimorfismo do gene do recetor da vitamina D e a suscetibilidade à doença renal crónica e à doença periodontal em idosos que vivem na comunidade. *Jornal de Periodontologia Clínica*, 45(6):672-679.

Zadeh-Vakili, A., Ramezani Tehrani, F., Daneshpour, M.S., Zarkesh, M., Saadat, N. e Azizi, F. (2013). O polimorfismo genético do gene do recetor de vitamina D afeta o fenótipo da SOP. *Gene*, 515, 193-196. [PubMed]

Zhang, F.F., Al Hooti,S., Al Zenki, S., Alomirah,H., Jamil, K.M., Rao, A., Al Jahmah, N., Saltzman, E. e Ausman, L.M. (2016). A deficiência de vitamina D está associada à alta prevalência de diabetes em adultos do Kuwait: resultados de uma pesquisa nacional. *BMC Saúde Pública*, 16, 100.

Zhao, H., Zhao, Y., Ren,Y., Li, M., Li, T., Li, R., Yu, Y. e Qiao, J. (2017). Regulação epigenética de um fenótipo metabólico adverso na síndrome dos ovários policísticos: o impacto da metilação de leucócitos do promotor PPARGC1A. *Fertilidade e Esterilidade*, 107 (2), 467-474. [Pub Med].

Zhou, X., Xu, L.D. e Li, Y.Z. (2014). A associação de polimorfismos do gene do recetor da vitamina D com a psoríase na população Han do nordeste da China. *Journal of Dermatological Science*, 73, 63-66.

Zhu, Z.H., Jin, X.Z., Zhang, W., Chen, M., Ye, D.Q., Zhai, Y., Dong, F.L., Shen, C.L. e Ding, C. (2014). Associações entre polimorfismos do gene do recetor de vitamina D e osteoartrite: uma meta-análise atualizada. *Rheumatology (Oxford)*, 53(6), 998-1008. [PubMed]

Zuo, T., Zhu, M. e Xu, W. (2016). Papéis do estresse oxidativo na síndrome dos ovários policísticos e cânceres. *Medicina Oxidativa e Longevidade Celular*, 2016, 8589318

MIX
Papier aus verantwortungsvollen Quellen
Paper from responsible sources
FSC® C105338

Printed by Books on Demand GmbH, Norderstedt / Germany